东方建筑遗产

保国寺古建筑博物馆

· 2012年卷 ·

文物出版社

责任印制　陈　杰

责任编辑　李　飏

图书在版编目（CIP）数据

东方建筑遗产·2012年卷/保国寺古建筑博物馆编.

－北京：文物出版社，2012.11

　ISBN 978－7－5010－3604－2

　Ⅰ.①东…　Ⅱ.①保…　Ⅲ.　①建筑－文化遗产－保护

－东方国家－文集　Ⅳ.①TU－87

中国版本图书馆CIP数据核字（2012）第258130号

东方建筑遗产·2012年卷

保国寺古建筑博物馆　编

文物出版社出版发行

（北京市东直门内北小街2号楼）

http://www.wenwu.com

E-mail:web@wenwu.com

北京文博利奥印刷有限公司制版

文物出版社印刷厂印刷

新华书店经销

787×1092　1/16　印张：13

2012年11月第1版　2012年11月第1次印刷

ISBN 978－7－5010－3604－2　定价：120.00元

《东方建筑遗产》

主　　管：宁波市文化广电新闻出版局

主　　办：宁波市保国寺古建筑博物馆

学术后援：清华大学建筑学院

学术顾问：罗哲文　郭黛姮　王贵祥　张十庆　杨新平

编辑委员会

主　　任：陈佳强

副 主 任：孟建耀

策　　划：徐建成　董贻安

主　　编：余如龙

编　　委：(按姓氏笔画排列)

　　　　　王　伟　邬兆康　应　娜　李永法　沈惠耀

　　　　　范　励　郑　雨　翁依众　符映红　曾　楠

◆目　录◆

「遗产论坛」

壹

【郑州大河村仰韶遗址数字化考古辅助系统概述】

肖金亮　尚　晋　高　明·北京清华城市规划设计研究院建筑与城市遗产研究所

张建华　李建和·郑州市大河村遗址博物馆

摘　要：1964年发现的大河村遗址位于中国河南省郑州市东北郊区，距今6800～3500年，面积四十余万平方米。田野考古工作有一套完整的流程，但也有一些不足。为了提升田野考古自身的准确性，或与后续的保护和展示相衔接，应该建立一套便捷的、高效的、数字化考古辅助系统。大河村仰韶遗址设计了包括数字化跟踪采集分系统和4D储存与展示分系统的两个分系统。在中国，田野考古的虚拟地理信息系统的研究正在蓬勃开展。大河村遗址的这套系统具有扩展成一个普遍适用的系统的可能性。

关键词：仰韶大遗址　数字化考古　辅助系统

3

一　遗址概况

大河村遗址位于中国河南省郑州市东北郊区，包含有仰韶文化、龙山文化、夏文化、商文化四种不同时期的古代聚落遗址，距今6800～3500年，面积四十余万平方米。大河村遗址发现于1964年，1972～1987年先后发掘21次，仅发掘了5000平方米，已经出土了各类房基47座、窖穴（灰坑）297座、墓葬354座、壕沟两条[一]，陶、石、骨、蚌、角、玉质地的文物三千五百多件，各类标本两万余件（图1）。

大河村遗址面积之大、文化层堆积之厚、文化内涵之丰富、延续时间之长，是黄河流域数千处古遗址中的佼佼者。目前已发现的各类遗址聚落形态完整，功能布局明确，构成了在长达3000年时间内非常清晰的村落布局。

[一] 以上遗迹采集资料后，绝大部分已回填保护。

二　田野考古工作现状

中国的田野考古工作有一套完整的流程，对布置探方、发掘、资料采集、资料表达和整理都有详细的规定。这套工作方法具有较强的系统性和科学性，使得中国的考古工作达到了一个较高的水平。但现在暴露了一些不足。

图1　大河村遗址已发掘部分的平面图

4

随着"大遗址"[一]保护工作的推进以及"考古遗址公园"[二]概念的提出，考古工作必须越来越主动地与文化遗产保护和开放展示进行紧密衔接。这本身也是提升田野考古工作准确性的一个过程。

以大河村遗址为例，根据保护规划制定的时间表，从现在开始要逐步建设"大河村考古遗址公园"。后续工作需要这些信息：当年出土时的遗迹初始形态、不同遗迹的准确空间位置（包括深度数据）、基于这些遗迹现象而推测出来的原始生活场景。然而，目前的考古资料无法完全满足这些要求，主要体现在：

只有出土照片和手绘图，对遗址初始形态的表达不够准确和直接；

手绘的遗址平面图有误差，且纸质图纸与现代的数字化表达方式无法自动匹配；

手绘的剖面图数量较少，且是人为选择的"代表性"位置，而遗址保护和数字化展示需要更多条剖面；

缺少准确的埋深数据；

对原始场景只有基本的猜想，没有成型、可视的成果供直接使用。

这些不足，有些受限于当年的技术手段，有些受限于野外工作成本。比如，凭借手工测量获得数据，在坐标纸上手工绘制平面图或剖面图，这种纯人力的技术手段限制了数据采集量；再比如，在中国《田野考古操作规程》中规定要采集各类遗迹的深度数据和出土形态，但在旧石器时代的考古发掘中能够保证这种工作深度，而对新石器时代遗址则往往力不从心，因为旧石器时代的出土物少，可以一一测量，而新石器时代出土物极多，采用手工方式甚至是全站仪测量，其工作量都是无法负担的。

平面图、剖面图，不全面的埋深数据，不直观的形态描述，使得制定保护方案和制作数字化展示成果时，要先把这些手工的、纸质的成果翻转成数字化信息，这个过程又增加了一次人工误差。

同时，这种表达方式也限制了考古工作和考古研究。比如，大河村遗址的文化堆积达12.5米，有十余个文化层，但目前的挖掘只针对上边几层，因为手工制图记录的信息不够完整，如果清理掉上层后挖掘下层，则上层的信息将不复存在。无法拿到全面的层级信息，后续研究和解读就难以开展。这是中国绝大多数考古挖掘工作的烦恼所在。

可以说，无论是为了提升田野考古自身的准确性，还是为了与后续的保护和展示相衔接，都应该建立一套便捷的、高效的、数字化考古辅助系统。

三 系统设计

系统的服务目的很明确：在大河村遗址日后进行发掘时（包括已发掘但此前已回填的部分，以及从未发掘的那些部分），可以比较快速和准确地将发掘现场信息进行全面采集，采集的信息可以比较方便地转换成可视化的数据和模型，以便与后续研究和展示自动过渡。

因此，我们设计了两个分系统：数字化跟踪采集分系统、4D储存与展示分系统。前者对考古现场的各类信息进行测量，用现代测绘技术大幅度提高野外考古工作的效率；后者对这些信息进行储存和可视化加工。

（一）数字化跟踪采集分系统

我们目前把这个分系统分成两个不同用途的部分，一个是现场即时记录，一个是阶段性正式测量。

前者的灵感来自于传统的坐标纸手绘方式。利用平板电脑，借鉴CAD模式，使考古工作者可以在现场做简单记录；利用多种应用程序的交互，将矢量图绘制、简单拍照、录像、录音、简单全景图拍摄等整合在一起，记录成果既能作为原始的数据存储，也可以作为正式测量成果的补充和备忘。

"正式测量"即动用现代测绘手段对考古现场进行全面的记录。这部

5

[一] 在中国，指"大型文化遗址"，后来简称为"大遗址"。这个概念在20世纪六七十年代就已形成，在1995年正式作为官方文件提出。主要指反映中国古代各个时代历史文化信息，规模宏大、价值重大、影响深远的大型村落、城市、宫殿、陵寝、墓葬等遗址。

[二] 为了在规划层面上解决大遗址与中国城市化之间的矛盾，2010年中国国家文物局提出了"考古遗址公园"的概念，它以重要考古遗址及周边环境为主体，将大遗址长期性的考古发掘、持续的遗址保护与文化遗产展示、公园休闲相结合，同时具有科研、教育、游憩等功能，将专业工作、事务透明、遗产分享与人们日常的休闲生活结合起来。

分工作是周期性的，每当考古工作推进到一定程度、有必要进行一次全面记录的时候开展。根据对象尺度和信息用途，选择不同技术手段：

全站仪测量。针对大尺度和中尺度遗址范围绘制平面图，可与航空摄影测量相结合。

航空摄影测量。利用无人机在不同高度对大尺度和中尺度遗址范围做航拍，并可配合全站仪地面标定制作地形图。

近景摄影测量。对中小尺度遗迹和遗物进行测量，生成3D模型、生成任意角度的正射投影和剖面图。

三维激光扫描。对特别复杂的遗址、遗迹和遗物进行测量，可能用到大、中、小三种尺度上。

（二）4D储存与展示分系统

这个分系统，实质上是一个基于3D场景的信息系统，系统通过"层"来表现不同时期的遗址，相当于增加了"时间"纬度，因而我们称之为"4D系统"。

整个系统又分为两部分，一是储存，一是展示。

储存的数据分为未加工数据、粗加工数据、深加工数据。"未加工数据"就是数字化跟踪采集分系统通过各种技术手段生成的最原始的数据，比如原始的摄影测量照片、三维扫描的点云。"粗加工数据"指经过初步拟合、计算后生成的数据，比如运算后的矢量平面图、拼接后的航拍图、直接拟合的3D模型。"深加工数据"指根据以上所有数据和考古研究成果，衍生出的各类数据，如人工选定、生成的剖面图，遗址的层级关

系图，遗迹和遗物的复原方案等。这些数据以自动、半自动或手动方式录入和生成。目前，该系统储存的大多是对象信息，日后可以增加事件信息（如发掘、处理、迁移、过错等）。

在展示部分，我们力争兼顾考古者复查、研究者查询和民众观赏的三方面需求。除了常规的3D场景显示、基于空间坐标或对象的数据查询外，还有多层显示、半透明显示、同屏对比显示等功能，方便对不同时期、不同类型遗址的对比研究和对比展示。我们希望这部分功能可以促进大河村遗址研究共享平台的成立与广泛使用，加强面向大众的考古工作分享、遗址信息分享、研究成果分享，成为大河村遗址"虚拟博物馆"的重要内容。

在软件平台方面，我们有两种选择，一是CityMaker，一是UnrealDevelopmentKit。前者是我们自己开发的一个虚拟现实平台，可以通过Poi点挂接数据；后者是知名的游戏引擎。两者各有利弊，目前尚未确定最终的软件平台。

四 实际工作效果

本系统主要针对未来将要开展的考古发掘，但我们根据此前已有的考古资料已经完成了一些工作。

利用全站仪和航空摄影测量，取得了局部遗址的平面图和航拍图，其精度可以满足作为索引图编订遗物编号，并且可以作为4D场景的底图（图2、图3）。

6

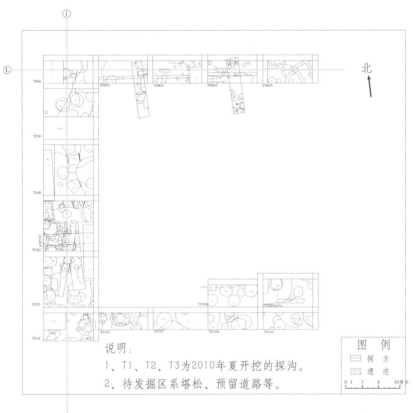

北

图例
☐ 探方
☐ 遗迹

说明:
1、T1、T2、T3为2010年夏开挖的探沟。
2、待发掘区系塔松、预留道路等。

0 1   3   6   10厘米

图2　局部遗址平面图

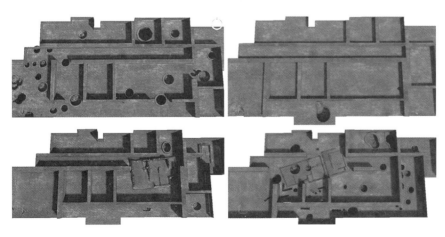

图3　根据考古记录,加工成不同层级的遗址模型,
可将上面已揭掉的遗址信息进行全面记录和再现

图4 房基测绘，三维激光扫描点云　　　　　图5 房基模型，基于点云数据生成

龙山晚期————

龙山早期————

仰韶4期————

仰韶3期————

图6 多层级模型对比显示

8

使用近景摄影测量对单个探方做了测量与建模，可以自由生成剖面，验证了大幅度提高出土情景记录准确性的可能性。

使用三维激光扫描，对造型复杂的房基遗址进行了测绘，并拟合成准确的三维模型（图4、图5）。

利用传统的手工资料以及最新的测绘数据，我们进行了深加工，搭建完成了4D场景与数据链接。研究者可以在同一个屏幕上调出不同时期、不同深度的遗址场景，进行比较研究；在虚拟博物馆中，游客也可以很直观地看到考古地层关系与遗址形象。这一功能受到考古学家的热烈关注，他们认为这可以让考古信息更加直观，使研究过程更加快捷，是对传统考古资料表达方式的一个重大改进（图6）。

进而，我们根据考古学、建筑历史的推测，对考古遗址中所反映出来的加工痕迹进行了整理和延展，并加以展示。如根据房基遗址所反映出来的建造痕迹，对建造顺序、工艺、屋顶形式等进行了复原展示，系统提供修改方案、多方案对比的功能。我们希望这个功能可以加强学者之间的沟通与交流，共同促进遗址研究的前进；同时，将晦涩的专业知识用一种更吸引人的方式传达给普通民众，使文化遗产真正地做到全社会分享（图7）。

五　在未来

这套系统最开始设计的目的，一是为了提高大河村日后考古外业工作的准确性和效率，二是为了加强考古信息的可视化以便于后续研究和信息分享。目前，基于平板电脑和移动应用的现场即时记录产品正在开发，配合持续考古工作的跟踪测绘服务体系尚未全面铺开。其余功能均已成功实现。

在中国，田野考古的虚拟地理信息系统的研究正在蓬勃开展。大河村遗址的这套系统具有扩展成一个普遍适用的系统的可能性。日后，可以做到：

利用有线网络或无线网络，对偏远地区的发掘现场的各种数据进行准实时传输、管理；

建立基于有线网络和无线网络的虚拟考古环境，使不同地区的考古工作者就某个发掘问题展开探讨，为专家远程诊断与决策提供支撑环境；

基于直观的4D场景，对古环境中人类活动的空间分布进行推测，模拟再现人类古环境的时空发展变化；

图7　深加工数据，房屋建造顺序、工艺等的比较研究与展示

强化"事件信息"的存储与查询，支撑考古操作、保护处理等工程活动。

最终，我们希望这套系统促进考古学相关工作的前进、促进考古与大遗址保护和考古遗址公园建设紧密结合，带来文化遗产整个系统工作的全面提升。

希望能与各方学者交流、切磋。

参考文献：

[一] 郑州市文物考古研究所：《郑州大河村》，科学出版社，2001 年版。

[二] 中国国家文物局：《田野考古工作规程》，文物出版社，2009 年版。

[三] 毕硕本、间国年等：《田野考古地理信息系统研究框架与实施流程》，《中国科协第五届青年学术年会文集》，2011 年版，第 126 页。

[四] 赵从仓主编：《科技考古学概论》，高等教育出版社，2006 年版。

【现代技术在澳门圣母雪地殿教堂保护中的应用】

汤　众　戴仕炳·同济大学建筑与城市规划学院

摘　要：澳门圣母雪地殿教堂是澳门历史城区的重要组成部分，其建筑特色及中西合璧的室内壁画特征都深刻反映了澳门作为近代中西方文化交流枢纽的历史地位。目前壁画破坏严重，综合应用现代技术对其进行整体保护具有迫切性和必要性。在保护教堂内部壁画的过程中，应用了三维激光扫描、高精度数码摄影（宏观、微距）、环境温湿度监测、热红外成像、微波扫描、贯入阻力测试等现代技术。对文物的现状信息进行综合采集和分析。为最终科学合理地保护文物提供了坚实的基础。

关键词：现代技术　圣母雪地殿　保护　澳门

11

一　背景介绍

澳门的圣母雪地殿教堂建于17世纪早期，是澳门历史城区的重要组成部分。澳门历史城区以澳门的旧城为中心，利用相邻的广场和街道，串联起二十多座历史建筑，于2005年在第29届世界遗产大会上获准列入世界遗产名录。圣母雪地殿教堂规模虽小，却因为其地理位置特殊而成为了澳门地标建筑，在澳门纸币和硬币上都印有圣母雪地殿的图案（图1）。

澳葡政府于1996年对教堂进行内部保护和修复工程时，发现了壁画遗迹。该壁画上的圣经故事和人物，运用了中国绘画的技法，整个画面是中西文化和艺术的大融汇，在华南地区属罕见之艺术作品[一]（图2）。圣母雪地殿教堂建成三百多年来保存基本完好，整体建筑未经过明显的破坏。但近年来，壁画被发现有劣化的趋势，为此，澳门特别行政区文化财

[一] 戴璐：《澳门东望洋山圣母雪地殿壁画考察报告》[J]，《文化杂志》，2009 年 70（春），第 1～52 页。

图1　澳门纸币及硬币上的教堂图案

图2　教堂前殿北墙壁画

产厅遍访全国各高等院校及研究所，寻求保护方案，最终委托同济大学历史建筑保护技术实验室对圣母雪地殿教堂进行建筑实录、病害诊断、环境监测及评估、改进设计方案研究。本实验室应用各项现代技术，包括：三维激光扫描、高精度数码摄影（宏观、微距）、环境温湿度监测、热红外成像、微波扫描、贯入阻力测试等对教堂的现状进行信息采集与记录，用于分析其壁画劣化的原因以及设计建立保护措施。

二　三维激光扫描

三维激光扫描测量系统是建立在长度精密测量和角度精密测量基础上的极坐标测量系统，具有快速、动态、精度高等优点，在机械制造、模具加工、工业测量等领域得到广泛应用，自本世纪初开始逐步应用于文化遗产保护工作中。三维扫描可以比较完整记录文化遗产的现状，相较于传统测绘图纸，其记录的信息更加全面和精确，特别是现状中一些不规则变化和重复构件的个体差异都会被记录下来[一]。

经过多年的实际应用，目前三维激光扫描已经被大量应用于历史建筑保护的前期的文物本体基本信息采集中。在本项目中除了基本的建筑测绘，还需要专门针对壁画的损坏程度进行定量的记录，例如壁画脱落和残损的部位、大小和形状等，为以后保护维修提供基本参考。

首先使用LeicaHDS3000三维激光扫描仪对整个建筑内外进行高精度三维扫描，获得建筑以及壁画精确的空间几何信息（图3）。然后再在高精度的三维激光扫描和数码影像采集的基础上分析测量了壁画目前残损的位置、面积和形状（图4）。

编号	残余壁画现状面积	备注
1	2410524平方毫米	拜殿
2	377898平方毫米	
3	132274平方毫米	南壁
4	25229平方毫米	
拜殿南壁残余壁画总面积：2945925平方毫米		
拜殿南壁原有壁画总面积：14060574平方毫米		
壁画残余率：20.95%		
编号	残余壁画现状面积	备注
5	17535752平方毫米	前殿
6	699094平方毫米	南壁
前殿南壁残余壁画总面积：18234846平方毫米		
前殿南壁原有壁画总面积：27798084平方毫米		
壁画残余率：65.59%		

前殿南壁　　　　　　　　　　　拜殿南壁

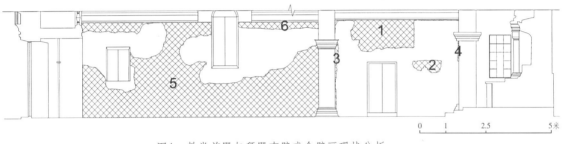

图4　教堂前殿与拜殿南壁残余壁画现状分析

三维激光扫描对壁画现状的记录十分详细和精确（<2毫米），因此定期对壁画进行三维激光扫描，就可以起到动态监测其变化的作用。通过对比和分析不同时间三维扫描获得的点云数据，可以找出壁画的变化，特别是类似壁画局部剥落这样不太容易观察到的微小变化。三维激光扫描技术是记录文化遗产现状变化的理想手段，其定期工作得到的原始数据，有必要作为文化遗产信息的一个重要部分进行管理。

三　高精度数码摄影

作为壁画现状色彩纹理图像信息采集的高精度数码摄影不同于普通的拍照片，需要较为专业的拍摄方法。为了保证色彩的准确，色温是需要特别注意的一个因素[二]。

目前教堂内部由暖色灯光照明，这种照明方式以烘托教堂的宗教艺术效果为主，但是对于研究壁画本身的色彩很不利。为此，需要专门采用专业照明设备严格按照正确的色温（5400K）和曝光采集壁画的正射投影

[一]　汤众：《空间信息采集中的三维激光扫描技术应用》[A]，《2006年全国高等院校建筑数字技术教育研讨会论文集》[C]，华南理工大学出版社，第159～162页。

[二]　汤众、张鹏：《宁波市保国寺文物建筑科技保护监测系统设计》[A]，《东方建筑遗产》2007年卷[C]，文物出版社，2007年版，第69～72页。

图3　教堂内部点云模型

图5 色温不同壁画色彩差异

数码影像（图5）。

准确的曝光是保证采集准确的色彩信息的另一个重要因素。数码相机内置的测光系统是测量被摄物体表面反射光线强度来确定曝光参数的，其设计的标准是按照17%的灰色，但壁画颜色深浅不一，完全依靠相机的自动测光就会使浅色的壁画曝光不足。因此需要使用测量入射光线的外置专业测光表，或先让相机对同样环境照明条件下的17%灰色卡纸进行测光记录下其曝光参数，然后手动调整相机进行拍摄。

教堂内部空间不是很大，因此需要采用较大的广角镜头，采用全幅的尼康D700单镜头反射式取景数码相机配合适马12～24毫米镜头可以获得足够的广角拍摄较为完整的教堂内部空间和壁画。而为了避免透视变形，使用三脚架保证相机后背完全与被摄对象平行。由于教堂地面至天花板穹顶底部高度近6米，为此还搭建了约2米高的拍摄平台。而对于有空间距离条件的局部壁画的拍摄，则尽量采用尼康50毫米标准镜头或105毫米微距镜头进行拍摄（图6）。

为获得建筑屋顶状态信息，应用四旋翼飞行器携带数码摄影器材可以获得比较理想的鸟瞰照片（图7）。四旋翼飞行器是拥有四个动力组旋翼通过不同方向旋转而进行飞行、悬停、转向等动作的飞行结构，其优点为飞行稳当、控制灵活、负载能力强、垂直起降等。四个旋翼作为直接动力源，对称分布在主体四个方向，且旋翼处于同一水平面，旋翼半径、规格都相同。通过不同方位的旋翼转速不同达到不同的升力从而改变飞行器的状态和位置变化，其中处于同一轴上的两个旋翼旋转方向相反。非常适合在静态和准静态条件下飞行。

四 热红外成像

电磁波的波长为2.0～1000微米的部分称为热红外线。所有温度在绝对零度

图6 广角、标准和微距拍摄壁画

（-273℃）以上的物体，都会不停地发出热红外线。所以，热红外线（或称热辐射）是自然界中存在最为广泛的辐射。物体的热辐射能量的大小，直接和物体表面的温度相关。热辐射的这个特点使人们可以利用它来对物体进行无接触温度测量和热状态分析，从而为壁画保护提供了一个重要的检测手段和诊断工具。

图7 应用四旋翼飞行器获得的鸟瞰照片

图8 热成像显示壁画表面温度差异

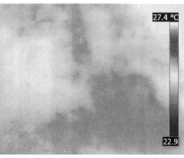

图9 热成像显示霉变区域温度较低

通过探测物体发出的红外辐射，热成像仪可以产生一个实时的图像，从而提供一种景物的热图像。并将不可见的辐射图像转变为人眼可见的、清晰的图像。热成像仪非常灵敏，能探测到小于0.1℃的温差。工作时，热成像仪利用光学器件将场景中的物体发出的红外能量聚焦在红外探测器上，然后来自于每个探测器元件的红外数据转换成数码图像。

通过现场使用热成像仪发现教堂内部温度并不均匀，在靠近门窗部位由于教堂使用的传统形式的木制门窗密封性不够好，使得室外较高的气温通过门窗缝隙渗漏进来影响到室内壁画表面，造成门窗上方的壁画表面温度有较大差异（图8）。

热成像仪还显示教堂内部即使没有门窗的屋顶部位温度分布也并不均匀（图9）。通过仔细观察现场状态发现温度较低的区域有发生霉变，应该是由于这些屋顶部位有水渗漏，使得这些区域温度较低，而渗入的水分使得这部分的壁画产生了霉变。结合之前的鸟瞰照片，确定此处正是两处不同方向屋面交接的部位，急需采取补漏措施。

五 微波扫描湿度测试

澳门圣母雪地殿教堂内的壁画为湿壁画，即在石灰批荡层还未完全干透的时候就将色彩涂上去使之与石灰结合在一起。然而石灰的吸湿性能在周围环境湿度变化时在体积上也会有轻微变化，长此以往使得石灰批荡层脱落，壁画也就随之一起脱落了。因此详细探测壁画的湿度非常重要。

采用微波技术的手持式微波湿度测试系统，可以快速无损地检测混凝土、砖、瓷砖、砂岩、沥青路面、木材、合成材料及其他建筑材料的湿度情况[一]。该系统在进行标定的情况下可测试深度最大达到80厘米。手持式微波湿度测试系统与多维湿度分布成像软件综合使用，可获得所测材料内部及表面湿度情况的全面分布图（图10）。

通过微波湿度测试系统可以发现教堂墙体不同深度的含水率情况，可得到以下结论：现有的墙面涂料已经失去其应有的防水功能使得水分渗入墙体内部；由于墙体较厚才使得外墙面的雨水对内墙面没有产生大的影响。雨水对外墙墙面的潮湿起到决定作用，墙脚由于雨水和反溅水导致潮湿。壁画地仗层表层的高含水率可能与空调关掉后在夜间产生的冷凝水有关。潮湿主要发生在表层，这类潮湿与冷凝水有关。

六　贯入阻力测试

澳门圣母雪地殿教堂墙体厚度将近1米，其内部构成也会影响表面壁画，特别是接近壁画的表层材料的强度。为此需要定量了解墙体内部的构成和强度。采用贯入阻力测试是一个比较少影响墙体的方法。通过一个直径仅有3毫米钻头在教堂墙壁没有壁画的部位进行钻孔，贯入阻力仪可以连续测量钻进阻力并以10-12位数码信号立即显示出来，校准后可以取得强度的绝对值。这是对墙体表层批荡（壁画地仗层）厚度及强度的微损检测（图11）。

测试结果表明在钻进厚度10～20毫米以后内部强度直线上升，结合显微镜观察和材料盐类化学成分化验，确定现保留的旧粉刷分两层或三层，总厚度在10～20毫米之间。底层为浅黄色添加黏土的石灰粉刷，面墙为白色，几乎为纯的石灰（纸筋灰）。在两层中均含有草筋的残留，推测所使用的石灰类型相同，均为中国传统的稻草灰。内部高强度部分根据其强度分析为石材，即内部为石材砌筑。

七　环境温湿度监测

石灰等材料在温度增加时会发生膨胀，而冷却时会发生收缩。这会导致石灰基壁画表层起皮脱落。当温度从40℃降低到20℃时，石灰会产生

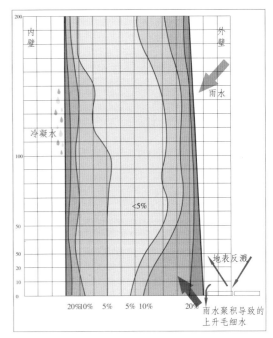

图10　教堂墙体内部及表面湿度分布及原因分析图（1：10）

图11　贯入阻力测试

[一] 汤众：《文物建筑综合信息系统构建探索——以圆明园为例》[A]，《数字化视野下的圆明园》[C]，中西书局，第139～142页。

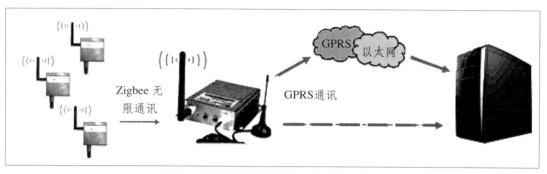

图12 环境温湿度监测数据采集传输示意图

0.11毫米/米的收缩。将壁画表面的温度变化控制在小的范围内是保护壁画的重要措施。同时石灰等材料在湿度增加时也会发生膨胀，而干燥时会发生收缩。这同样会导致石灰基壁画表层起皮脱落。另外，空气污染物导致壁画损坏过程中均离不开水，而墙面，特别是内墙面的水大多与凝结水有关。因此在室内空气温湿度控制中，首先要使室内外环境温湿度控制在不产生凝结水的前提下。为此十分有必要建立一个环境温湿度监测系统来采集、存储、分析环境温湿度监测数据。

环境温湿度监测数据采集全部采用无人值守的实时在线监测与无线传输技术，所有传感器通过数据采集系统后，采集数据均通过无线传输技术，接收方建立远程数据库，用户方通过访问权限授权进行访问登录（图12）。

采用这样无线监测系统的特点是：传感器布置灵活，无需布线。远程用户端可实时在线查看监测数据，了解设备运行情况；数据随时下载、处理、分析，软件平台具有一定的数据处理分析能力，方便查询和管理。系统预留多个功能接口，为今后进一步的功能扩展、系统集成、反向控制（空调系统）提供可能。系统采用的数据库具有强大的数据存储、查询功能，提供全面可靠的数据服务。数据库运行速度快，具备简单易用、扩展性好、可移植性好、高可靠的特性，系统可持续发展。自主开发的系统平台软件通过对监测数据的存储、整理、挖掘、分析，帮助用户对未知的险情提前判别。要求数据实时显示、进行统计分析和提取、有报警功能、自定义数据计算公式以及不同用户分组管理等功能。

八 结 语

我们开始澳门圣母雪地殿教堂的保护工作至今已近两年，由于澳门特别行政区文化厅非常重视，对于前期的基础研究给予了足够的理解和支持，大家都以非常慎重的科学态度对待文物，在实施具体保护措施之前进行充分的研究和论证，不一蹴而就。这使得我们能够有机会应用上很多现代技术手段对文物的现状信息进行采集和分析，为最终科学合理地保护文物提供了坚实的基础。

【绍兴大禹陵】

——禹庙修缮工程之午门、拜厅设计

郑殷芳　刘国胜　蒋双议·浙江省古建筑设计研究院

摘　要：绍兴大禹陵位于浙江省绍兴市东南郊的会稽山山麓，由禹陵、禹祠、禹庙三大建筑群组成。午门为面阔三间进深两间分心造的木结构歇山顶门庑建筑。拜厅为面阔三间进深三间的木结构歇山顶建筑。在对两座建筑修缮设计前进行了详细的勘查，测绘和评估。按照不改变文物原状的原则和尽可能减少干预的原则，根据对午门和拜厅的综合勘察，针对其致损原因，我们决定采取基础加固、顶升梁架、打牮拨正、大木归安、构件加固和揭瓦修顶等维修措施。

关键词：修缮　勘查　设计

一　工程背景与实施范围

绍兴大禹陵位于浙江省绍兴市东南郊的会稽山山麓，由禹陵、禹祠、禹庙三大建筑群组成，是四千多年前古代治水英雄大禹的葬地，自古以来是中央政权、地方州府、乡贤民众纪念、祭祀大禹的圣地。因该建筑群具有重要的历史、科学、艺术价值，1996年被国务院公布为全国重点文物保护单位。

禹庙在大禹陵的东北部，现存建筑为明、清和民国时期建造，占地面积8700平方米，建筑面积1765平方米。主体建筑坐北朝南，自南向北依次分布有照壁、辕门、岣嵝碑亭、午门及东西配房、拜厅及东西配殿、乾隆禹碑亭、大殿及东西厢房等建筑（图1）。其中以午门、拜厅及乾隆御碑亭较早，根据其梁架、斗拱特征及历史文献记载，应为雍正、乾隆时期的遗构，建筑风格糅合了清官式手法与绍兴地方手法，是皇家敕建与地方技艺结合的产物。

2004年受绍兴市文物局委托，浙江省古建筑设计研究院编制了《全国重点文物保护单位绍兴大禹陵——禹庙维修设计方案》上报国家文物局，并于2005年得到批复。

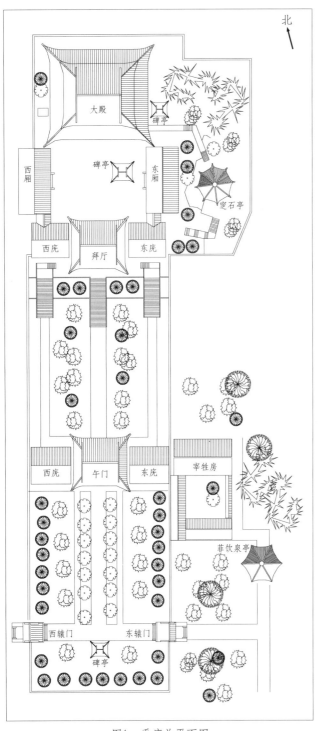

北

图1　禹庙总平面图

2007年初春，根据国家文物局《关于绍兴大禹陵之禹庙（一期）维修设计方案的批复》（文物保函「2005」446号）文件精神，结合三年来禹庙建筑的保存情况，经与绍兴市文物局协商，决定将残损情况较为严重的午门、拜厅作为一期维修工程项目，并进行二次详细勘察，深化施工图设计。

二　调查勘测与分析评估

（一）历史沿革

《史记·夏本纪》曰：或言禹会诸侯江南，计功而崩，因葬焉，命曰会稽。自禹之子启即天子之位后，"启使使以岁时春秋而祭禹于越，立宗庙于南山之上。"

禹庙始建于南朝梁大同十一年（545年），以后历代均有所修建。

唐元和三年（808年）复禹衮冕，并修葺禹庙。

宋淳熙七年（1180年）庙圮，宋淳熙八年（1181年）秋重建禹庙。

元至大四年（1311年）重修禹庙。

明洪武三年（1370年）遣使访历代帝王陵寝，是年大修禹庙。嘉靖三年（1524年）立"大禹陵"碑，知府南大吉书字，是年，禹庙大修。嘉靖十九年（1540年），张明道重修。

清康熙二十八年（1689年），帝亲祭大禹，诏有司勤修慎守，毋或荒怠，置守祀人二人。康熙四十一年（1702年），谕曰：今禹陵必颓坏已极，著杭州织造会同地方官动用历年节省钱粮，即行修理，以称联尊崇前代圣王之意。雍正分别于二年（1724年）、七年（1729年）、十一年（1733年），三次下旨敕修大禹陵庙。乾隆元年（1736年）敕修禹庙，用白金一万二千两有余，次年告成。嘉庆三年（1798年），绍兴知府觉罗百善修禹庙。道光十一年（1831年）修葺禹庙，道光二十年鸠工庀材，整修禹庙，计银万有二千余两。光绪元年（1875年）、光绪二十五年两次重修。

图2　午门正面

民国二十一年（1932年），浙江省省长张载阳集役修庙，重建大殿，以绍兴箔捐充资，用银近十万元，次年落成。

新中国成立后，禹庙也几经修葺。最近一次大修为1979年，1995年对彩绘进行了部分重绘。

综合历史文献，现存午门拜厅应为乾隆元年（1736年）大修禹庙之遗构。

（二）建筑结构与型制（法式勘察）

1. 午门

午门位于禹庙南北中轴线上，为面阔三间进深两间分心造的木结构歇山顶门庑建筑（图2）。通面阔11.57米，其中明间4.53米，两次间各为3.52米；通进深7.10米，前后各3.55米。梁架为七檩中柱分心造，总高9.75米。午门的东西两侧各建有三开间的偏殿。

明间两缝梁架为七檩三柱中柱分心式（图3），两次间梁架为五檩单柱前后用悬柱，即在五架扁担梁（踩步金）两端各置一垂莲柱托角梁后尾和下金檩（这种做法在浙江地区比较少见，图4），脊檩下用一斗六升，明间用四攒，次间各用一攒，其余各檩下用垫板、随檩枋，为清

图4　扁担梁与悬柱仰视

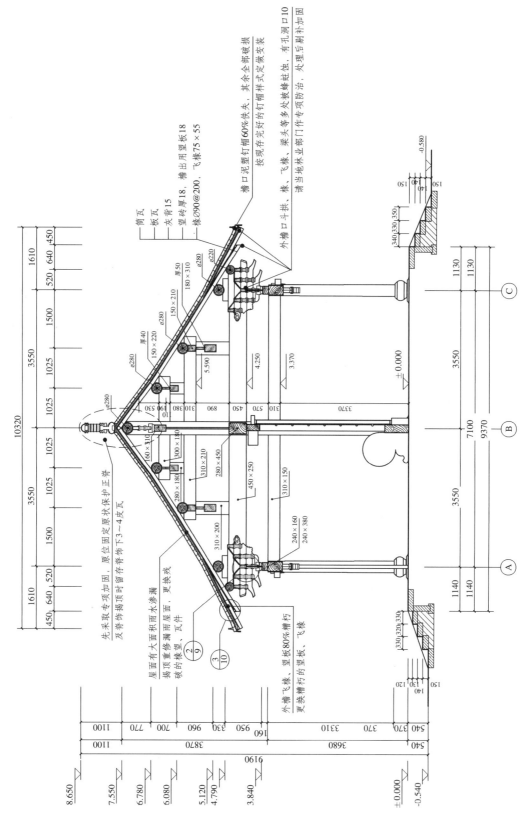

图 3　午门剖面图 (1:50)

22

图6　屋脊装饰

官式"檩—垫—枋"标准形制。除檐檩外各檩、梁、枋除上皮外其余三面均施彩绘。前后檐为飞檐做法，翼角用嫩戗发戗。檐柱柱头用额枋，额枋下施雀替，额枋上用平板枋，上置重昂五踩斗拱，斗口8厘米。斗拱皆施彩绘，明间平身科用四攒，次间用三攒。斗拱形制、比例及用材基本遵照清官式五踩斗拱做法，唯外拽第一跳不出翘头而用两重昂不遵官式（图5）。

石质台明、踏跺，地面铺砌石板；鼓形柱础，上雕鼓钉，下置一层覆盆。两山砌砖墙，前檐柱在两次间装木栅栏，明间开敞。中柱三间置三门，为清官式实榻门，有门钉，用门簪四，明间用石抱鼓。

屋面黑活为绍兴地方手法。前后坡檐檩以外的檐椽、飞椽上及山面两坡的檐椽、飞椽上用望板，其余椽上全部铺望砖，覆筒板瓦。正脊中部置铜镜，铜镜的左右两侧，南面用石灰堆塑双龙戏珠、鲤鱼跃浪，北面饰两飞凤。正脊两端有龙尾插剑的正吻，垂兽为狮，戗兽做虎，戗兽外列龙、凤、海马、狻猊（图6）。

2. 拜厅

拜厅建于午门后的山坡台地上，并巧妙利用山坡地形，处理成为两级石砌高台，总高6.05米。拜厅东西两侧各建有三开间的偏殿，与正、偏三做建筑对应，设有三列踏道，直上高台（图7）。两级高台边沿和踏道两侧垂带上均立石栏杆，望柱头雕仰、覆莲，柱杖下饰有镂刻荷叶净瓶，素面栏板。

拜厅为面阔三间进深三间的木结构歇山顶建筑。通面阔12.10米，其中明间4.50米，两次间各为3.80米；通进深9.60米，前后廊各为1.60米，中间6.40米。台明高0.72米，檐柱平柱高4.07米，正脊高9.49米，总高10.65米。

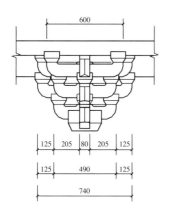

$\underset{2}{1}$ 平身科斗拱正立面图 (1:15)

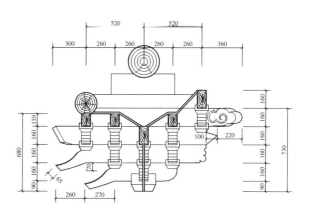

$\underset{4}{2}$ 平身科斗拱断立面图 (1:15)

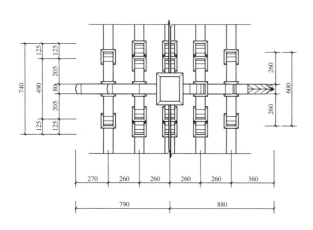

$\underset{7}{3}$ 平身科斗拱平面图 (1:15)

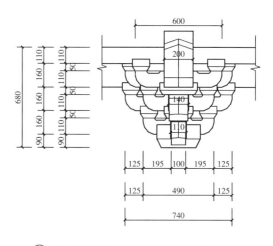

$\underset{2}{4}$ 柱头科斗拱正立面图 (1:15)

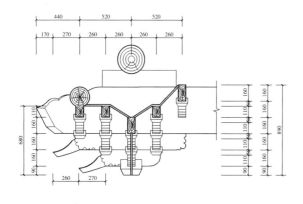

$\underset{6}{5}$ 柱头科斗拱断面图 (1:15)

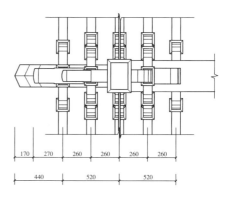

$\underset{9}{6}$ 柱头科斗拱平面图 (1:15)

图5 午门拜厅斗拱

图7 拜厅台阶

梁架为七檩带斗拱殿式建筑。明间两缝梁架为七檩四柱抬梁式（图8），前后廊步用挑尖梁置于柱头科斗拱上，用穿插枋拉结檐柱与金柱。前后二金柱上置五架梁，梁下皮贴随梁枋，随梁枋下施雀替，五架梁上立金瓜柱，金瓜柱上施三架梁，上立脊瓜柱，用角背。各檩下均用垫板、随檩枋，为清官式"檩—垫—枋"标准型制。除檐檩外各檩、梁枋除上皮外其余三面均施彩绘（图9）。檐部做法、翼角构造、斗拱形制比例、用材等皆与午门同。

两山砌砖墙，前后虚敞。地面铺砌石板，柱础为鼓形，下无覆盆。前后檐柱础上雕鼓钉，金柱柱础上雕花草。

屋面黑活为地方做法，同午门，唯正脊中部脊饰有所变化。正脊中部南面用石灰堆塑和盒及一对飞凤；和盒背面（即北面）两侧饰双龙。

（三）价值评估

1. 绍兴大禹陵是研究中华文明史的重要历史遗迹，整组建筑群具有较高的历史、科学、艺术价值。

2. 午门与拜厅建筑为绍兴大禹陵的重要古建筑遗存，其选址立基巧于因借山形地势，建筑结构

图9 拜厅梁架

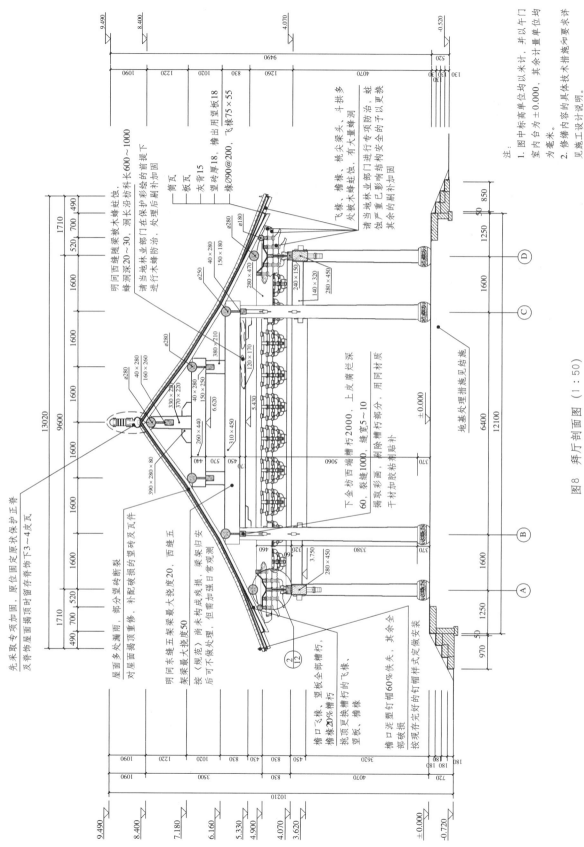

图 8 拜厅剖面图（1：50）

先采取专项加固，原位固定原状保护正脊
及脊饰屋面揭顶时留存脊饰下3~4皮瓦

明间西缝随梁被木蜂蛀蚀，
蜂洞深20~30，洞长沿坊斜长600~1000
请当地林业部门在保护彩绘的前提下
进行木蜂防治。处理后剧补加固

筒瓦
板瓦
灰背15
望砖厚18，檐出用望板18
椽Ø90@200，飞椽75×55

飞椽、檐椽，挑尖梁头，斗拱多
处被木蜂蛀蚀，有大量蜂洞
请当地林业部门进行专项防治。桩
蚀严重已影响结构安全的予以更换
其余的剧补加固

地基处理措施见结施

屋面多处漏雨，部分望砖断裂
对屋面揭顶重修，补配破损的望砖及瓦件

明间末缝五架梁最大挠度20，西缝五
架梁最大挠度50
按《规范》尚未构成残损，暂可不做处理，但需加强日常观测
后可不做处理，但需加强日常观测，梁架归安

下金坊西端槽朽2000，上皮腐烂深
60，裂缝宽1000，缝宽5~10
揭取槽画，剔除槽朽部分，用同材质
干材加胶粘贴补

椽口飞椽、望板等全部槽朽，
檐椽20%槽朽
挑顶夏换槽朽的飞椽、
檐椽、望板，
椽口泥塑钉帽60%佚失，其余全
部破损
按现存完好的钉帽样式定做安装

注：
1. 图中标高单位均以米计，并以牛门
室内台为±0.000，其余计量单位均
为毫米。
2. 修缮内容的具体技术措施句要求详
见施工设计说明。

图10 西南角科歪闪

图11 西南翼角虫蛀、蜂洞

图12 明间脊檩处屋面漏雨

图13 石驳坎外鼓

图15 西次间前下金枋、交金瓜柱

图14 东次间后交金瓜柱

规整凸显北方官式特征，屋脊装饰艺术地域特色鲜明。

3. 午门与拜厅是清朝皇家在江南敕建纪念先古圣王的政治产物，也是清官式木结构建筑技艺与绍兴当地传统营造技艺融合的珍贵实物。

（四）残损病害分析与评估

在编制施工图前，我们对两座建筑又进行了详细的勘查、测绘，并要求绍兴市文物局委托专业部门对午门及拜厅的场地工程地质情况和拜厅的柱网沉降、倾斜及其基座挡土墙的鼓闪情况进行了详细的勘察。残损情况如下：

1. 午门

午门的主体结构保存尚好，但个别构件存在糟朽、歪闪、脱榫，遭受木蜂蛀蚀，屋面有较大面积的雨水渗漏，柱网出现了轻度的不均匀沉降等（图10～图12），具体情况详见表1。

2. 拜厅

拜厅的残损情况较为严重（图13～图17），其所处高台的挡土墙发生明显的鼓闪，柱网产生了明显的不均匀沉降和倾斜，并引发多处构件歪闪、脱榫及严重的糟朽，屋面有大面积雨水渗漏，同时，还出现了严重的木蜂蛀蚀病害。具体情况详见表2、表3和表4。

表1 午门残损情况表

序号	部位	残损状况	残损原因
1	台明	保存尚好，仅石材表面局部有小面积风化	自然损毁
2	地面铺装	基本保存完好，仅有两块石板存在裂缝	人为破坏
3	墙体	保存尚好	——
4	柱子	柱网产生不均匀沉降，最大沉降值为45毫米。	地层岩性、地质构造不利
5	斗拱	有两攒斗拱出现扭闪，其余保存相对整齐。斗拱外拽面普遍遭受木蜂蛀蚀，有多处蜂洞，直径10毫米，深20～30毫米，沿构件长呈蜿蜒状。	受力不均，虫害
6	梁架	由于柱网沉降值不大且相对均匀，梁架整体倾斜扭闪尚不明显，仅存在部分构件歪闪脱榫；两次间上交金瓜柱通长劈裂，随檩枋端部糟朽、脱榫；东山面前桃尖顺梁梁头糟朽，被蜂蛀蚀，东北角、西南角两处角梁被蜂蛀蚀严重。东次间山面檐檩通长劈裂，裂缝宽30毫米，深50毫米。	基础不均匀沉降引起受力不均，自然损毁，虫害
7	屋顶	外檐部飞椽全部糟朽，檐椽15%糟朽，望板全部糟朽腐烂，椽、飞椽被蜂蛀蚀，有多处蜂洞，檐口变形，室内望砖有小面积破损。	基础不均匀沉降引起受力不均，自然损毁，虫害
		屋面瓦陇内长有杂草，积满土砾，排水不力，前坡和两山屋面出现大面积雨水渗漏。檐口泥塑瓦钉冒40%佚失，其余全部破损。脊与灰塑脊饰基本保留完好，有局部损毁。	自然损毁

表2　拜厅残损情况表

序号	部位	残损状况	残损原因
1	台明	保存尚好，但所处高台挡土墙出现明显的鼓闪	地层岩性、地质构造不利
2	地面铺装	基本保存完好，仅有两块石板出现裂缝	人为破坏
3	墙体	保存尚好	——
4	柱子	柱网产生不均匀沉降，最大沉降值为58毫米，构架随柱子产生西向倾斜扭闪，柱子最大倾斜值74毫米。	地层岩性、地质构造不利
5	斗拱	有两攒斗拱出现扭闪，其余保存相对整齐。斗拱外拽面普遍遭受木蜂蛀蚀，有多处蜂洞，直径10毫米，深20～30毫米，沿构件长呈蜿蜒状孔洞。	长期受力，虫害
6	梁架	梁架整体倾斜扭闪，部分构件歪闪脱榫；明间前下金枋西端糟朽2000毫米，上皮腐烂深60毫米，裂缝1000毫米，缝宽5～10毫米；西次间前上金枋、前下金枋西端部糟朽长300毫米；西次间五架梁（踩步金）及明间西蜂五架梁的随梁均被木蜂蛀蚀，蜂洞深20～30毫米，洞长沿枋料600～1000毫米；明间东缝五架梁最大挠度20毫米，西缝五架梁最大挠度50；东次间前交金墩大斗断裂。东西两山檐檩糟朽严重，通长糟朽深50～100毫米	基础不均匀沉降引起受力不均，自然损毁；虫害
7	屋顶	外檐飞椽全部糟朽，檐椽20%糟朽，望板全部糟朽腐烂，椽、飞椽被蜂蛀蚀，有多处蜂洞，檐口变形，室内望砖有小面积破损。屋面瓦陇内长有杂草，积满土砾，排水不力，屋面出现大面积雨水渗漏，尤其是两山面。檐口泥塑瓦钉冒60%佚失，其余全部破损。脊与灰塑脊饰基本保留完好，有局部破损。	基础不均匀沉降及梁架歪闪，自然损毁；虫害

29

图16　东次间后金柱头

图17　西次间前顺梁斗拱歪闪

表3　拜厅柱网沉降与倾斜表

轴线	1	2	3	4
A	沉降36 倾斜53	沉降5 倾斜44	沉降0 倾斜33	沉降18 倾斜74
B	沉降58	沉降0	沉降1	沉降7
C	沉降5	沉降6	沉降34—31	沉降23
D	沉降9 倾斜64	沉降0 倾斜40	沉降21—8 倾斜59	沉降0 倾斜74

表4　拜厅高台挡土墙鼓闪情况表

位置	西部			东部		
	西	中	东	西	中	东
上层	38	172	44	13	64	66
下层	41	111	55	10	63	13

注：

1．表3、表4的计量单位为毫米。

2．表3、表4数据来源于绍兴市城市规划测绘院：《大禹陵大殿测绘报告》，2007年1月24日。

表3、表4数据表明，柱子沉降、构架倾斜的轻重与挡土墙鼓闪的严重程度基本吻合，即西部挡土墙鼓闪严重随之西侧柱子沉降严重，东部挡土墙鼓闪稍轻则东侧柱子沉降稍轻。可见，挡土墙鼓闪与柱网不均匀沉降是密切相关的。

3. 地质勘察

为进一步探查午门和拜厅出现不均匀沉降、拜厅基座挡土墙鼓闪的病害根源，绍兴市文物局委托浙江省绍兴综合工程勘察院对禹庙场地进行地质勘察，查明了场地内各地基土层分布情况及

图18　地基基础探坑

工程地质性质。为进一步揭示拜厅的基础情况，浙江省古建筑设计院与绍兴市文物局又对拜厅地面进行了局部试掘（图18），挖掘结果为：在石板铺地之下，分别为150毫米厚的碎砖土垫层、青砖满铺层、三合土垫层、碎砖土垫层，总厚度约为700毫米厚的基层。该结果表明拜厅的基础较为密实。但受场地和技术条件的限制，未能探得柱位下的基础情况。

4. 勘察评估结论

综合以上对午门、拜厅进行的各类勘察测绘分析可见：由于午门、拜厅建筑所在场地基岩坡度大，地基土较为复杂，均一性差，尤其是埋藏有高压缩性软土，在长期荷载作用下，基础均产生了不同程度的沉降，其中拜厅尤为严重，产生了过量的不均匀沉降，高台挡土墙鼓闪，从而进一步引发构架倾斜、歪闪，屋面破损、漏雨，构件糟朽、变形等一系列病害，已经危及到文物建筑的结构安全和正常使用。午门的沉降情况稍好，柱网沉降值不大且相对均匀，梁架整体倾斜扭闪不明显，但也存在部分构件歪闪脱榫，屋面破损、漏雨，构件糟朽、变形等病害。

三　修缮设计

（一）修缮设计的原则及指导思想

1. 修缮设计原则

遵照《中华人民共和国文物保护法》的有关精神及"保护为主、抢救第一、合理利用、加强管理"的文物工作方针，结合禹庙的现状，制定本次修缮设计的原则为：

（1）不改变文物原状的原则

遵照《文物保护法》关于"对不可移动文物进行修缮、保养、迁移时，必须遵守不改变文物原状的原则"，以保护文物原状与历史信息的真实性。

（2）尽可能减少干预的原则

凡是近期没有重大危险的部分，除日常保养以外不应进行更多的干预。必须干预时，附加的手段只用在最必要部分，并减少到最低限度。采用的保护措施，应以延续现状、缓解损伤为主要目标。

（3）可逆性原则

一切技术措施应当不妨碍再次对原物进行保护处理。

（4）可识别原则

经过处理的部分与原物在工艺、材料方面保持一致的同时，在观感上与原物或前一次处理的部分既相协调，又可识别。

2. 修缮指导思想

（1）维修时尽可能多地保留原构件。对构件的更换必须掌握在最小的限度，尽量避免更换有价值的原构件，凡是能加固使用的原构件，均应保留。对受力构件的薄弱环节或构造刚度不良之处，在不影响外观的情况下，可用镶补、挖补拼接和铁件加固等方法处理。如糟朽、开裂严重的梁、枋等构件。

（2）在修配旧构件、更换不能使用的原构件和复原建筑原有构件时，应采用原材料、原工艺进行替换。

（二）工程性质

根据《中国文物古迹保护准则》对文物保护工程的分类，本工程属于"防护加固"工程，即所有的措施都不得对原有实物造成损伤，并尽可能保持原有的环境特征。新增加的构筑物应朴素实用，尽量淡化外观。

（三）修缮措施

根据对午门和拜厅的综合勘察，针对其致损原因，我们决定采取基础加固、顶升梁架、打牮拨正、大木归安、构件加固和揭瓦修顶等维修措施（图3、图8、图19～图24）。具体如下：

1. 地基、基础加固

针对拜厅出现的不均匀沉降、倾斜，本次工程主要通过地基基础加固、减少土压力、组织地表排水等措施予以治理。

（1）对地基土进行注浆加固，增强土体的抗剪强度和承载力，减少因土体流失导致的空洞、滑移等情况。注浆材料采用普通硅酸盐水泥，水泥用量500公斤/立方米，水灰比1∶1，注浆压力为0.7Mpa。在注浆时严格控制压力，使浆液在土体中渗透以达到加固土体的目的，空洞较多时采用灌注水泥砂浆。加固深度尽量达到老土面或岩石面。

（2）对柱础下块石间的空洞进行注浆加固，增强独立基础的抗剪强度，减少墙背填土滑移导致的剪切变形。材料采用注水泥砂浆或注低标号混凝土。

（3）加强场地排水组织，减少地表水下渗。

（4）对于拜厅台地的石驳砍挡土墙鼓闪，经结构分析与专家论证，认为石驳砍墙的外鼓虽然与拜厅柱网的不均匀沉降相关，但鉴于其尚处于相对稳定状态，根据尽可能

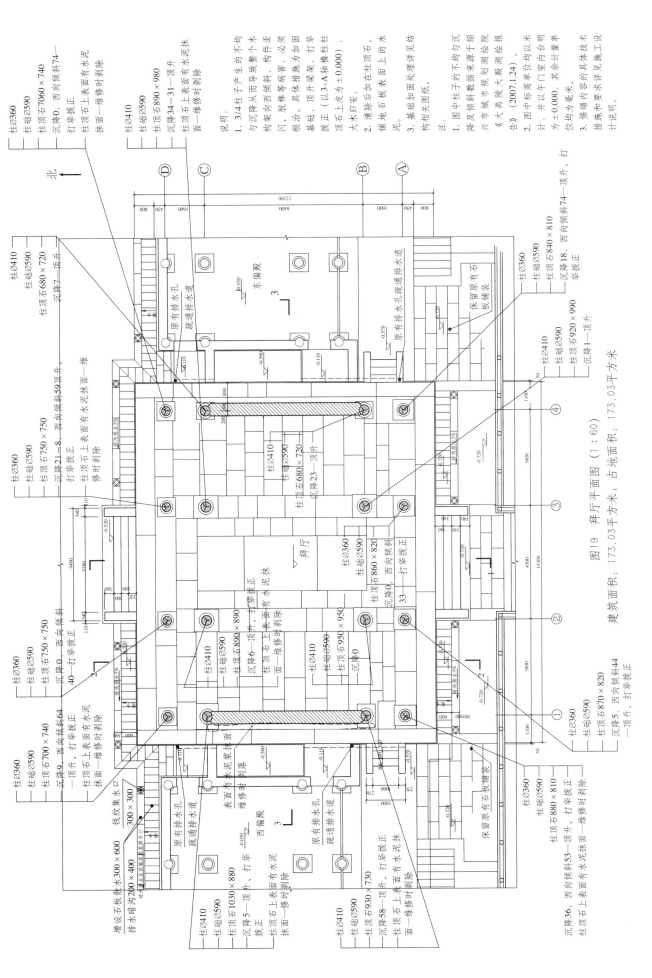

图19 拜厅平面图 (1:60)

建筑面积：173.03平方米；占地面积：173.03平方米

说明：

1. 3/4柱子产生的不均匀沉降从西号致整个木构架向西倾斜、脱榫等病害，必须根治。具体措施施为加固基础、顶升梁架、打举拨正（以3-A轴柱榫柱顶石上皮为±0.000），大木归安。

2. 清除后加在柱顶石、铺地石板表面上的水泥。

3. 基础加固处理详见结构相关图纸。

注：

1. 图中标高数据来源于绍兴市城市规划测绘院《大禹陵大殿测绘报告》(2007.1.24)。

2. 图中标高单位均以以午门台内室明台明为±0.000，其余计量单位均为毫米。

3. 修缮内容的具体技术措施和要求详见施工设计说明。

柱∅360
柱础∅590
柱顶石7060×740
沉降0、西向倾斜74—
打举拨正
柱顶石上表面有水泥抹—
面一维修时剥除

柱∅410
柱础∅590
柱顶石890×980
沉降34～31—顶升

柱∅410
柱础∅590
柱顶石680×720
沉降7—顶升

柱∅360
柱础∅590
柱顶石750×750
沉降21～8、西向倾斜59顶升
打举拨正
柱顶石上表面剥除—
修时剥除

柱∅360
柱础∅590
柱顶石750×750
沉降0、西向倾斜
40—打举拨正

柱∅360
柱础∅590
柱顶石700×740
沉降9、西向倾斜64
—顶升、打举拨正
柱顶石上表面有水泥
抹面—维修时剥除

增设石板集水300×600
排水口
排水暗沟200×400
北

柱∅410
柱础∅590
柱顶石1030×880
沉降5—顶升、打举
拨正
柱顶石上表面修时剥除

柱∅410
柱础∅590
柱顶石930×730
沉降58—顶升、打举拨正
柱顶石上表面有水泥抹面—维修时剥除

柱∅410
柱础∅590
柱顶石890×890
沉降6—顶升、打举拨正
柱顶石上表面剥除—
面—维修时剥除

柱∅410
柱础∅590
柱顶石950×950
沉降0

柱∅410
柱础∅590
柱顶石860×820
沉降0、西向倾斜
33—打举拨正

柱∅360
柱础∅590
柱顶石870×820
沉降5、西向倾斜44
—顶升、打举拨正

柱∅360
柱础∅590
柱顶石880×810
沉降36、西向倾斜53—顶升、打举拨正
柱顶石上表面有水泥抹面—维修时剥除

柱∅360
柱础∅590
柱顶石840×810
沉降18、西向倾斜74—顶升、打举拨正

柱∅410
柱础∅590
柱顶石920×990
沉降1—顶升

保留原有石板铺装

拜厅

东偏殿

西偏殿

原有排水孔疏通排水道

北

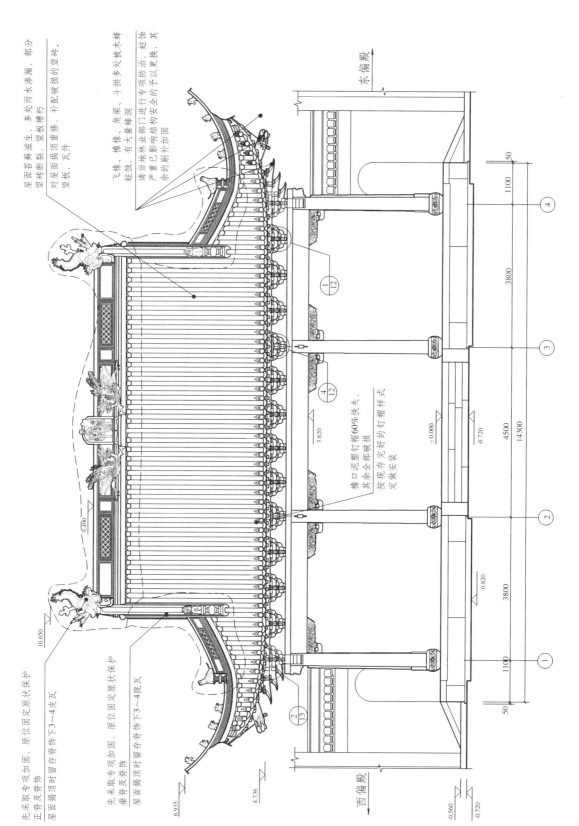

先采取专项加固，原位固定原状保护
正脊及脊饰
屋面揭顶时留存脊饰下3～4皮瓦

先采取专项加固，原位固定原状保护
垂脊及脊饰
屋面揭顶时留存脊饰下3～4皮瓦

屋面苔藓滋生，多处雨水渗漏，部分
望砖断裂，望板糟朽
对屋面揭顶重修，补配破损的望砖、
望板、瓦件

飞椽、檐椽、角梁、斗拱多处被木蜂
蛀蚀，有大量被木蜂洞
请当地林业部门进行专项防治，蛀蚀
严重且已影响结构安全的予以更换，其
余的剔补加固

东偏殿

西偏殿

10.650

9.490

6.935

4.736

3.620

±0.000

−0.560

−0.720

−0.820

−0.720

檐口泥塑钉帽60%缺失，
其余全部破损
按现存完好的钉帽样式
定做做安装

50
1100
3800
4500
14300
3800
1100
50

① ② ③ ④

图20 拜厅南立面图（1：50） 建筑面积：173.03平方米

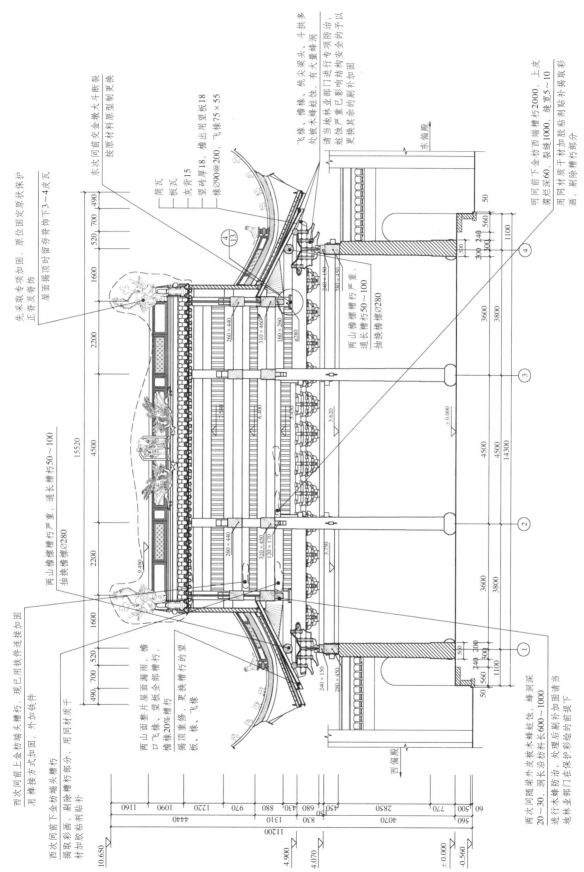

图21 拜厅3—3剖面图 (1∶50)

西次间前上金枋端头槽朽，现已用铁件连接加固
用榫接方头加固，外加铁件

西次间前下金枋端头槽朽
用同材质干材加胶粘剂贴补

西次间前下金枋端头槽裂
揭取彩画，剔除槽朽部分，用同材质干
材加胶粘剂贴补

先未取专项加固，现位固定原状保护
正脊叉兽饰
屋面揭顶时留存脊饰下3～4皮瓦

东次间前交金墩大斗断裂
按原材料原型制更换

筒瓦
板瓦
灰背15
望砖厚18，檐出用望板18
椽Ø90@200，飞椽75×55

飞椽、檐椽、桃尖梁头，斗拱多
处被木蜂蛀蚀，有大量蜂洞
请当地林业部门进行专项防治，
蛀蚀严重已影响结构安全的予以
更换其余的剔补加固

260×440
310×460
160×260
Ø280

两山檐檩槽朽严重，
通长槽朽50～100
抽换檐檩Ø280

两山檐檩槽槽朽严重
抽换檐檩Ø280

两山面整片屋面漏雨，
飞椽20%槽朽，檐
口椽、望板全部槽朽，
揭顶重修，更换槽朽的望
板、椽、飞椽

260×440
310×450
120×170

240×150
280×450

15520

2200
4500
2200

490 700 520 1600

490 700 520 520 700 490

7.800
6.400

9.490

3.620

3.750

±0.000

明间前下金枋西端槽朽2000，上皮
腐烂深60，裂缝1000，缝宽5～10
用同材质干材加胶粘剂贴补揭取彩
画，剔除槽朽部分

东偏殿

西偏殿

两次间随梁外皮被木蜂蛀蚀，蜂洞深
20～30，洞长沿枋料长600～1000
进行木蜂防治，处理后剔补加固请当
地林业部门在保护彩绘的前提下

50

±0.000
-0.560

4.900
4.070

10.650

11200

4440
2850
4070

1160 1090 1220 970 880 430 680 450 2850 770 500 60
560 1310 830 560 50

50 560 1100 240 200 300
3800 4500 14300 3600 3800
3600

50 560 1100 200 240 300

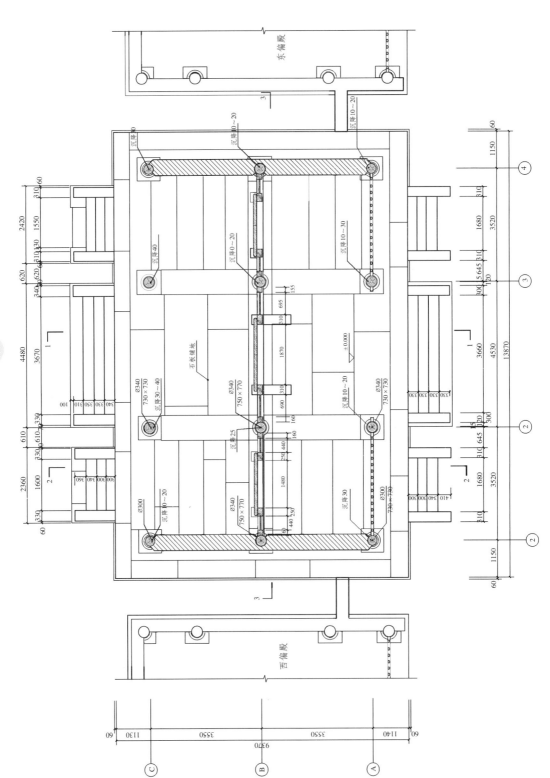

图22 午门平面图（1：50）

建筑面积：129.96平方米 占地面积：129.96平方米

说明：
1. 因各柱的沉降相对均匀且已基本稳定，为减少对整体构架的扰动，不对构架进行顶升，但管理部门须加强对其沉降的定期观测。

注：
1. 图中标高单位均以米计，并以午门室内台明为±0.000，其余计量单位均为毫米。
2. 修缮内容的具体技术措施和要求详见施工设计说明。

东偏殿

西偏殿

石板墁地

36

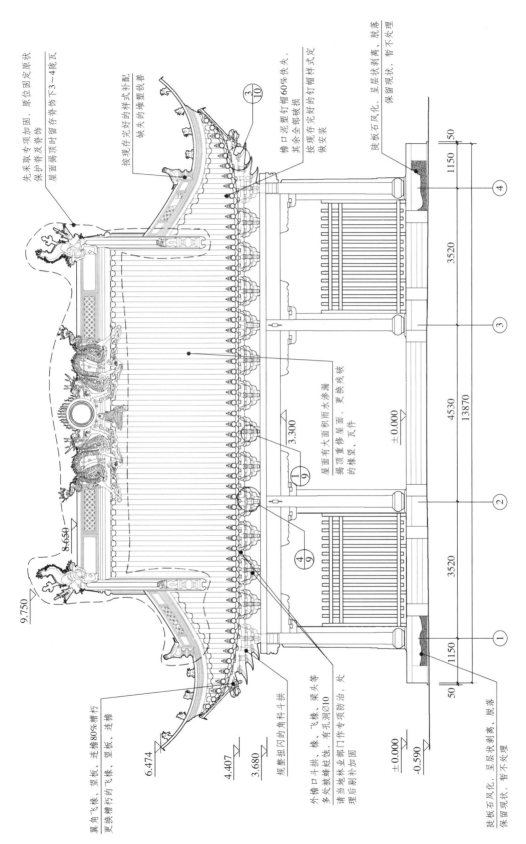

先采取专项加固，原位固定原状
保护屋脊及脊饰
屋面揭顶时留存脊饰下3～4陇瓦

按现存完好的样式补配
缺失的堆塑做兽

③
⑩

椽口泥塑钉帽60%佚失，
其余全部破损
按现存完好的钉帽式定
样做安装

陡板石风化，呈层状剥离、脱落
保留现状，暂不处理

翼角飞椽、望板，连檐80%糟朽
更换糟朽的飞椽、连檐、望板、连檐

规整扭闪的角科斗拱

外檐口斗拱、椽、飞椽、梁头等
多处被蜂蛀蚀，有孔洞Ø10
请当地林业部门作专项防治，处
理后刷补专项加固

陡板石风化，呈层状剥离、脱落
保留现状，暂不处理

屋面有大面积雨水渗漏
揭顶重修屋面，更换残破
的椽望、瓦件

③
⑩

④
⑨

①
⑨

9.750

8.650

6.474

4.407
3.680

3.300

±0.000

-0.590

±0.000

13870

1150   3520   4530   3520   1150

50   50

1150

①   ②   ③   ④

图23 午门南立面图 (1：50)

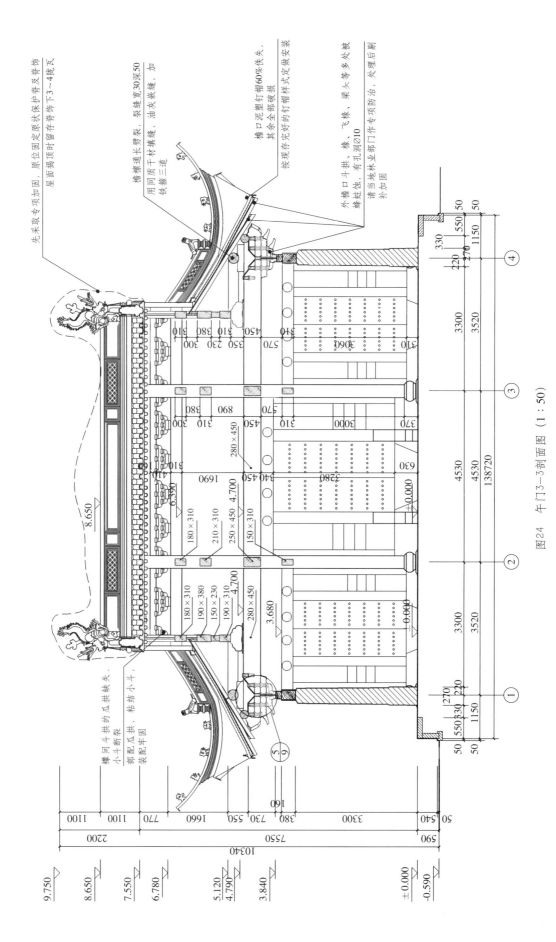

图24 午门3-3剖面图 (1：50)

减少干预的原则，本次维修暂不干预，但必须加强日常保养和定期观测，密切监察变形趋势。

2. 顶升梁架、打牮拨正、大木归安

该部分内容是祛除木构架整体安全隐患的主要措施。操作前先对梁架进行安全围护，特别是有彩画的部分先用软布包裹。

图25　木构件修配

施工中先揭除瓦顶，拆下部分椽望，并将檩端的榫卯缝隙清理干净，暂时解除后期的加固铁件。对个别残损严重的梁枋、斗拱等先完成修补加固措施。两山墙身基本保留，仅掏挖柱门。整个木构架松开、可活动后，再进行顶升梁架、大木归安。操作过程分多次进行，每次以少量调整为主。

3. 维修加固、抽换构件

（1）构架中残破的柱、梁、枋、斗拱、檩、望板、椽条等木构件，凡能修补加固的，均保留原构件；仅对少量不得不更换的檩、枋、斗拱构件，按照原形制、原材料、原工艺予以更换，并在隐蔽处注明更换年、月、日。所有修补、更换的构件均做防虫、防腐和防火处理，并按照与其相邻构件（或部位）的色泽进行油饰处理，但不施彩绘，做到既协调统一又具有一定的可识别性。

由于两座建筑的飞椽、连檐、瓦口、望板糟朽较为严重，在揭顶重修时对糟朽的檐口部分进行必要的更换。

（2）原有构件的加固处理

① 对于劈裂的瓜柱，由于柱表有油漆彩绘，且材料并未糟朽，开裂程度尚能加固，故不作更换，加固时在柱子外加不锈钢箍（图25）。

② 对出现局部腐朽的梁枋构件，尚能承重的，加固时采用榫接贴补的方法，先将腐朽部分剔出干净，经防腐处理后，用干燥木材（用同质地干材，材质强度不低于原有构件，木材含水率不应大于16%）。按所需形状和尺寸，以耐水性胶粘剂贴补严实，再用不锈钢箍或角铁、螺栓紧固。

③ 斗拱的维修严格按照尺寸、形式和法式特征，添配昂嘴和雕刻构件时，应拓出原形象，制成样板，经核对再制作；对斗拱的残损构件，凡能用胶粘剂粘接而不影响受力者，均保留原构件；为加强斗拱的构件整体性，修缮斗拱时，补齐小斗与拱间的暗销（图26）。

图26　木构构件修配

图27　揭瓦重修屋面

4. 虫蛀、蜂蛀处理

对于椽、飞椽、檩、梁头、斗拱、角梁等受到不同程度蜂蛀病害的檐口外露构件，本次工程先请当地林业部门对木蜂进行了专项防治。处理后，对于加固后还能使用的构件，对其蜂洞作剔补加固处理，不能使用的构件予以更换。

5. 揭瓦重修屋面

由于两座建筑均出现了大面积的屋面破损和雨水渗漏情况，加之顶升梁架和打牮拨正均需要卸载，故采取此措施。但考虑到脊上灰塑龙、凤等屋顶装饰为典型的地方传统工艺成果，现该工艺几近失传，为保护该成果，维修时采取不拆卸原有脊饰的做法，即在对正脊和垂脊戗脊采取支顶加固的基础上，留存正脊下3至4皮瓦，垂脊边2至3陇瓦（图27）。

6. 彩绘保护

因两座建筑室内的彩绘保存相对完好，外檐斗拱、额枋上的彩绘是1995年重新制作，本次维修决定保持现有彩绘格局，只对其进行除尘处理。

7. 防灾工程

在对禹庙建筑群的总体保护设计中，整体考虑防雷、消防设计。

40

【黄杨桥的保护与维修研究】

虞永杰·宁波市镇海区文物管理委员会

摘　要：黄杨桥位于宁波市镇海区九龙湖镇长石村黄杨自然村，南北横跨中大河。始建于元代，清代重建。该桥系三孔石平桥，桥总长22.5米，宽2.2米。为区级文物保护单位，具有较高的艺术和科学价值。在水利建设中，河道拓宽深挖时，古桥往往面临被拆或被毁的局面，何如保护古桥是摆在我们面前的一个问题。而黄杨桥保护结合文物保护与维修的理念，在原址采用将老桥加固垫高、建新桥对接等较为全面的保护维修方法，达到了老桥保护的目的。不失为许多古桥保护提供了一个可供借鉴的例子。

关键词：水利　保护　维修

在水利建设中，许多古桥梁因与河道拓宽挖深工程的矛盾而无法"生存"，甚至遭遇被拆的命运，给文化遗产保护工作带来了重大损失。宁波市镇海区区级文物保护点黄杨桥，在面临该桥所处的河道拓宽挖深的情况下，结合文物保护与维修的理念，在原址采用将老桥加固垫高、建新桥对接等较为全面的保护维修方法，达到了老桥保护的目的。时隔三年，新老组合桥梁安全牢固，在宽阔的中大河上横空飞架巍然屹立。笔者认为，这是宁波市古桥梁保护维修所做的一种新的尝试和探索，不妥之处，谨请各位专家、同仁指正。

一 概　述

黄杨桥位于宁波市镇海区九龙湖镇长石村黄杨自然村，南北横跨中大河。始建于元代，清代重建。该桥系三孔石平桥，桥总长22.5米，宽2.2米。桥墩采用大条石砌筑，为减少河水对桥墩的冲刷阻力，桥墩采用了双边船形筑法。为便于纤夫牵引船只过桥，在北边桥脚下设纤路，体现了古代劳动人民聪明才智，具有较高的科学价值；同时，将两座桥墩压顶石雕凿成四条赑龙（图1），桥脚卷云石雕凿装饰，造型别致，雕刻精致，具有较高的艺术价值，桥旁建有木结构凉亭一座。2000年12月被公布为区级文物保护点。

图1　黄杨桥桥墩压顶石雕赑龙

二　保护方案的制订

（一）文物保护与水利工程的矛盾

2008年6月，黄杨桥所处的中大河被宁波市政府列入姚江东排整治工程实施改造。中大河，西起化子闸，东到澥浦大闸，总长22公里，宽20～30米，深1.2～1.7米。一支发源于汶溪尖山，另一支主要由余姚丈亭江，入化子闸，两支汇合于黄杨桥继续向东流。经

骆驼桥、贵驷桥、万嘉桥至西门平水桥，有分叉经白龙洋汇前大河出涨鑑碶入甬江，灌溉农田6万亩。该河流属姚江流域的一部分，不但是粮、棉、油主要商品粮基地，而且市镇栉比，工业集中，人口稠密，水运发达。1958年姚江大闸建成后，原潮汐江变为内河淡水江，整个水系同姚江相贯通，上、中、下河系的水位通过各堰头节制闸控制。随着社会经济的发展，原来的河道、水利设施已无法适应新情况新要求，于是宁波市政府决定实施姚江东排镇海段整治工程，将河道拓宽到60～80米，河岸设计标高4.67米，护岸顶设计标高3.4米，断面结构采用浆砌或干砌石护岸，对两岸绿化及相应的配套设施改造建设，将河道防洪排涝建设成二十年一遇标准。该工程对提高宁波江北、镇海片的防洪排涝能力，改善区域水环境和供水能力有着重大意义。如果是不具备文物价值的桥梁，在工程建设中按照常规做法应将其拆除，便于河道畅通。

（二）原址保护和异地保护的选择

黄杨桥是沟通黄杨村中大河南北两岸的主要通道。为解决该区域南北两岸大型车辆的通行，不久前地方政府距黄杨桥东侧约50米处的河道上，新建了一座大型钢筋混凝土桥梁。对此，有人提出将黄杨桥进行异地保护，迁移到镇海区澥浦镇十七房旅游景区，既保护了古桥，又为澥浦十七房旅游景区增加了文化内涵，可以说是一举两得。

但是镇海区文物部门认为，黄杨桥是区级文物保护点，具有历史、艺术、科学价值。据光绪《慈溪县志》载："何阳桥，相

传元时东发族人黄杨所建，人呼黄杨桥，后讹为河娘桥"，清嘉庆年间重建，黄杨桥与黄杨村有着千丝万缕的联系，有较高的历史文物价值，如果黄杨桥离开了原地保护，其文物价值将大打折扣，故更适合原地保护。

（三）附近居民的保护意识

对于处于原位的文物保护，附近居民是否具有保护意识是很重要的。黄杨村村民祖祖辈辈生活在这片土地，黄杨桥是最好的历史见证。黄杨村村民与黄杨桥结下了深厚的感情，平日在桥上行走过河，炎热季节晚上，坐在黄杨桥上纳凉，讲大道、听唱戏，黄杨桥成为世世代代村民，茶前饭后集聚娱乐的场所。如今村民得知黄杨桥将被拆走就舍不得，就向政府提出了原址保护的建议。

（四）政府对百年老桥的重视

为续延百年老桥历史、重现百年老桥风采，镇海区人民政府从保护文物，遵循百姓意愿出发，作出了"老桥就地维修，并与新建桥梁结合"原地保护黄杨桥的决定。尽管在中大河改造中做好黄杨桥的原址保护这样的保护工程经验不足，在我区文物保护工程中尚属首次，难度较大，但通过政府各职能部门共同努力，政府投资近100万元，认真研究能够有效保护该文物桥梁的加固方法和施工工序。

最后该修缮工程完美结束，为宁波市古桥梁维修提供了新的思路和方法。

三　具体方案的制订实施

（一）方案制定

现有黄杨桥为三孔石平桥，设计南侧两孔拆除后原貌恢复。新建连接桥六孔，长33.66米，宽2.15米，下部基础为打木桩现浇承台，再接Φ60厘米立柱浇盖梁；上部系30厘米厚的预制板。"老桥成孤岛，新桥无便道"，要在V—1.87米的淤泥河床上拆旧桥建新桥，材料、模板、机具，要"空中飞翔"和人抬肩扛，施工难度较大。从现场实际出发，施工顺序为先建新桥再拆建老桥。

（二）具体实施

1. 施工前的准备工作

因河床标高为V—1.87米，木桩承台基础底标高为V—2.77米，现桥右侧挡水坝高程为1.50～2.4米，河床底与坝的高差为4.27米，承台基础底与地面高差为5.17米。为防承台基础开挖塌方和桥墩侧滑移位等，采取以下措施：

（1）预埋疏水管以及加固便道。施工时右侧新河床的挡水坝，南侧支河出水口预埋Φ80～100厘米疏水管15米；便道：对挡水坝进行加固加宽加高，并打排桩支护。

（2）施工时桥位上搭临时施工平台。为防止桥接柱施工出现坍塌和防止侧滑移位，在承台基坑开挖前先在矩形基坑四周打围护桩套钢护筒，尔后利用其护桩搭设立柱和盖梁施工平台。

（3）承台基础施工前排水处理。承台基础施工前围堰段面内先抽排河水，尔后在河床上人工开挖排水沟和排水坑进行降位排水。

2. 黄杨桥拆除后原貌恢复

黄杨桥南侧两孔拆除后原貌恢复，保留北侧河床岸坡上的一孔。具体施工方法如下：

首先拆除前对老桥原始面貌进行测绘拍摄。对老桥每块构件按孔号方位进行编号和标注，拆除一块拍摄一张照片并做好有关记录；其次记录石料构件损坏情况。补配新材料时，尽量采购选择原材料相同的旧料；再者在石料搬运清洗及看护时采用人工和吊车配合进行。大型石料吊装时，应用角钢、槽钢和麻袋包装好后再进行试吊。小构件采用人工扛抬，石料离地不能过高，起落一致行动。做到按编号拆除，按孔号和序号堆放，按序号清污和冲洗，清洗和堆放时地面上铺

土工布，清洗时人工用毛刷刷高压水冲，堆放地上用土工布，条石堆码之间用小方木垫隔，块石侧堆用土工布相隔，用吊车搬运，减少石块损坏；拆卸后有条理地进行堆放，派专人对拆卸下来的构件进行看护。

3. 恢复桥墩桥台

（1）恢复桥墩基础的施工。对老桥墩墩基下的木桩进行清理，以防相邻的老桥墩基础坍塌，承台基坑开挖前先在矩形基坑四周打围护桩套钢护筒施工，承台上再现浇尺寸与恢复桥墩相同的钢筋基础，高度为（1.87～0.907）0.963米。

（2）恢复老桥台基础打松木桩。现浇底板面积5.5×6.2＝34.1平方米，打桩和开挖面积大，桥右侧挡水坝1/4需挖除，施工风险和难度大，施工时挡水坝这一面用双层钢板桩打围，以确保挡水坝安全，对老桥墩基础施工进行打松木桩，浇垫层，扎钢筋，现浇砼底板施工方法类同新建桥基础施工。

（3）保留边孔及老桥墩的加固处理。此保留桥墩墩基标高为V—0.53米。墩基有1/3裸露在河坡上，为防冲刷和开挖时倒塌，在墩基三侧打木护桩，并顺着河坡浇好防冲刷混凝土。相邻墩的开挖距离是4.2米，深度高差为3.3米，开挖时需待防冲刷混凝土强度达C20后进行。

（4）老桥恢复的砌筑和安装。墩柱老条石的砌安，为保存原小线缝，用107胶配425号海螺水泥调成胶形状后按编号原样安放，搬运安放时采取人工吊车结合进行，桥台块石用过筛砂浆铺砌；桥面板安装，安装前要在设计的标高和位置弹出墨线，

做好定位，清除桥面杂物，采用机械将拆卸下来的桥梁、桥板以及栏杆按拆卸时的编号，吊装安装到原来的正确位置。安装施工顺序：定位放射线—基础处理—摆试—铺粘层—安放校正。安装时，考虑到在机械吊装过程中，桥梁板可能会产生摇摆，对梁板进行辅助稳定。

（5）做好老桥墩的偏位和误差的修正。老桥中有一个老桥墩因长期受自然环境因素影响，轴线及标高已有偏位和误差，需进行轴线归位、标高调整。砌体时对不能同时砌筑而又必须留置的临时间断处砌成斜槎（图2~图4）。

（三）古桥梁保护中需要注意的问题

1. 老桥保护过程中对新老两桥衔接分水墩的要求

能否做好对老桥的保护，新老两桥连接桥墩是关键。该桥墩位于25米处的中大河中心，水深流急，既要考虑到桥墩的安全牢固，又要考虑桥墩的外观形式要求。为减轻桥墩对松木桩桥墩基础的压力，将新老两桥连接分水墩采用空芯包模混凝土浇筑，外围采用旧条石砌筑包装，现浇盖板上

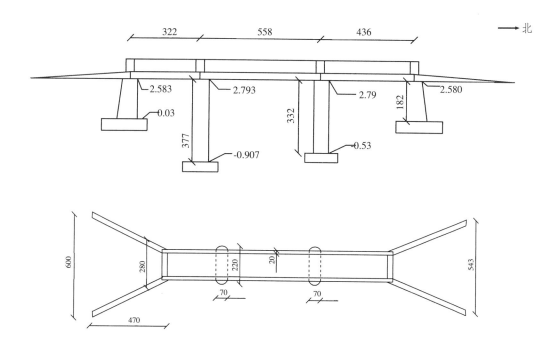

图2　老黄杨桥现状图

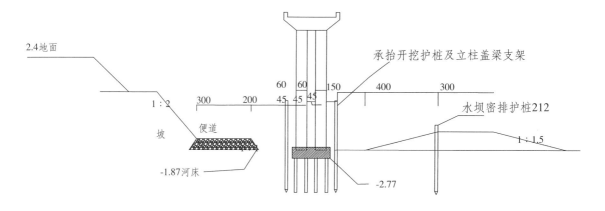

图3 老黄杨桥改造打桩围护装门面示意图

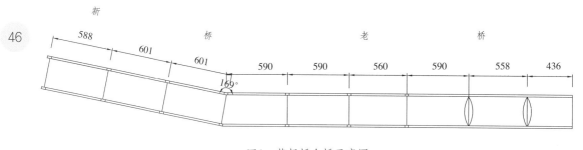

图4 黄杨桥全桥示意图

铺石板；为减少河水对桥墩的冲击阻力，将分水墩砌筑成六角形状。为防止改造后的河道水流对桥梁基础的冲击，在老桥三孔桥墩之间，铺浇钢筋混凝土基础，将桥墩相互牵制加固，提高老桥的牢固安全性。

2. 新建桥梁的材质风貌应尽量与古桥的材质风貌保持一致（图5～图8）

（1）用料、方法与保护历史文物的一致性。本工程桥墩、桥台砌体材料采用原有老石料，不足部分采用与原有制式质量相同的石料。因桥墩基础要挖深，所以在砌筑过程中把旧石料砌筑在上面原始桥墩，把新石料砌筑在下面垫高的桥墩，并通过表面处理，在外观上将垫高桥墩与原来桥墩稍有区别，以保留其历史文物信息。

（2）线角、色泽、风格一致性。老桥石砌施工时，内部灌水泥砂浆不外露，砌筑完成后对墙面进行清理；对新建桥梁栏杆采

图5 修缮前的黄杨桥

图6 修缮前黄杨桥纤道

图7 修缮后黄杨桥全景

图8 缮后的黄杨桥侧面风貌

用斩假石形式处理；在新老两桥结合部位桥面，建筑仿古六角形凉亭一座，设条石坐栏，使新老两桥自然过渡结合。

（3）桥墩之间的基础加固。因河道拓宽挖深，河水更加湍急，对桥墩基础冲刷更为严重，为确保桥墩安全，对老桥墩之间的基础采取浇灌钢筋混凝土进行加固保护。

（4）对桥梁采取交通限制。由于该桥设置的是轻便型桥梁，无法承担大型车辆通行，因此加强对过往桥梁的车辆进行管制，只允许行人通行和非机动车辆通行。

四 结 语

　　古桥梁，在生活上为人们世代休养生息提供了便捷，为水乡人们通古识今、展望未来提供了重要依据。保护好水乡古桥，不仅是为了保护好历史的遗存，而且是为了留住中国大地上更多的美丽风景线。但是，作为重要历史文化符号之一的古桥梁，在城乡建设中面临着不同命运的抉择，更多的古桥梁被视为城市建设的障碍而被拆除。而本文黄杨桥的原址成功保护一例，让我们得到了启发：只要各级人民政府、领导的高度重视，正确处理好水利建设与文物保护的关系，为了保护古桥梁舍得花钱，政府各职能部门齐抓共管，采取切实可行的保护方案，更多的古桥梁就能得到抢救性的保护。

参考文献：

[一]《中华人民共和国文物保护法》。

[二]《老黄杨桥改造工程施工方案》。

[三]《镇海县水利志》，1994 年编制。

[四]《宁波市镇海区地名志》，1991 年 12 月版。

「建筑文化」

貳

【析叙中国古建筑发展与形制】

余如龙 · 宁波市保国寺古建筑博物馆

摘　要：中国古代建筑，是世界上最古老的建筑体系之一。其发展的历程，除了文献记载，从河姆渡原始的干栏式建筑的考古发现开始计算，至少，也有七千年以上可以考证的历史。

关键词：中国古建筑　发展　形制　演变

一　引　言

以木构架为主要结构，以封闭的院落为基本群体，安排在中轴线上讲究对称布置方式的中国古代建筑，已经于3000年前，初步形成了其独特风格。经过秦汉、唐宋、明清三大发展的高峰期，发展的脚步从未中断，在学习、吸收异国建筑艺术的同时，不断充实发展着自己，并对周边国家和地区及东南亚各地建筑产生了重大的影响。中国古代建筑，在当时的世界上，曾居最高的水平。其建筑群组的总体布局、幽雅别致的园林设计以及城市规划的磅礴气势，也别具风格，独树一帜，对世界建筑的发展做出了自己的贡献。

二　远古及新石器时期

原始人类在学会营造房屋以前，为了躲避猛兽和风雨袭击，大约是居住在树上或靠近水源、地势高爽、背风的天然山洞里。"上古穴居而野处"（《易·系辞下》）。北京周口店的"北京人"洞穴里，遗留有厚达40米的堆积物，可见，"北京人"在这里度过了漫长的岁月。晋陕地区的窑洞，应是远古穴居的流传。在约公元前8000～前2000年，人们的房屋，主要为两种形式：半地穴式和木骨泥墙圆形房子及方形房子。桩上的干栏式建筑，是我国长江流域及广大南方水网潮湿地区的原始住宅。榫卯结合，形成构架，始于河姆渡人七千年前的创造，一直沿用至今，在世界建筑史上堪称奇迹。半地穴式和木骨泥墙房子，是我国黄河流域及北方气候干燥、土层较厚地区的原始住宅。

三 商、周时期（约前21世纪~前221年）

据"夏鲧作城"《吕氏春秋》。"禹辞，辟舜之子商均于阳城"（《史记·夏本纪》），河南偃师二里头遗址，是夏的宫殿遗址。遗址面积达二百多万平方米，中心部位是宫殿，在夯土台基之上，四周环以廊庑，屋顶为重檐四坡。遗址面积有四十余平方华里，其中部的商城规模很大，城墙周长达七华里。考古资料证实，该城是商王朝的一个政治、经济、军事、文化中心。该建筑已是两进的四合院，以檩架为主梁架，已有明确的中轴线，开始使用板瓦和筒瓦。中国古建使用木构架、采取封闭式有中轴线的院落布局已初步形成。斗拱是我国木构建筑上的重要部件。它的使用，成功地解决了剪应力对梁枋的破坏性，增加了建筑的牢固，加深了屋檐的外挑，使建筑更美观。上古三代的建筑，"土阶三等，茅茨不翦"，房屋的台基不高，仅三阶。战国以后，列国竞相大兴土木，"高合谢，美官室"，台基的防雨水、潮湿的功能，又增加了美化的追求，自此，台榭建筑开始盛行。

四 秦、汉时期（前221~220年）

秦汉时期是中国古代建筑史上的第一个高峰。

秦统一中国，于咸阳北坂仿建六国宫殿，在渭河的南岸修建朝宫、信宫。阿房宫前段遗址、骊山始皇陵的气势与规模均超越前代。挖灵渠、修建长城河道的工程也取得了前所未有的成就。秦灭六国后，击退了匈奴贵族的攻掠，将原秦、赵、燕三国的北长城连接起来，构成一条西起甘肃省岷县，东到辽东绵延万里的长城。公元前350年秦孝公迁都咸阳后，商鞅首先营建了宫殿外的门阙，即北阙。此后，历代秦王又建了许多宫殿。秦始皇在统一中国的过程中，在咸阳塬上仿建了六国宫殿的宫室，又扩建了皇宫咸阳宫。阿房宫是一座宏伟的宫殿，"东西五百步，南北五十丈，上下可坐五万人，下可以建五丈旗"，"周驰为阁道，自殿下直抵南山"。首都长安在秦代旧宫基础上而建，主殿仍盛行台榭式，各宫前都有巨大的阙。居住区由160闾里，九个商业区。城周有七个陵，各陵建陵邑，迁富豪及前朝官吏居住。我国的木构建筑，到了汉代已有较大的发展，在出土的许多文物上，可以知道建筑中已广泛使用斗拱挑檐，也出现了高层楼阁，完整的廊院，屋顶的结构已相当多样化，古典屋顶的几种样式，如：两坡的悬山、四坡的庑殿顶已经出现，以及歇山顶已初见端倪。在许多画像砖、石上还可以看到汉代建筑上的板门、交棂窗和窗内的帷幕。在出土的一些陶楼上，还保存着彩绘的痕迹。楼阁建筑的通行在西汉、东汉相交之际，这是高于使用夯土技术的高台建筑的一种更加进步的木构建筑形式。

五 三国、两晋、南北朝时期（220～589年）

　　曹魏邺城、南朝的建康、北魏的洛阳是这一时期城市建筑的代表。在北魏时还出现了琉璃瓦。但最值得注意的是大量的佛寺、塔、石窟等宗教建筑出现。西汉末年，印度的佛教经过河西走廊，伴随着经济和文化的交往，开始传入我国内地。直到东汉，随着佛教的大规模东渐，佛教建筑开始兴盛。白马寺是中国第一座寺院。"寺"原本是我国古代官署建筑的名称，但后来却成为佛教建筑的专有名词。永宁寺塔是一座巨型楼阁式佛塔，"架木为之，举高九十丈，有刹复高十丈，合去地一千尺。去京师百里，已遥见之"（《洛阳伽蓝记》）。塔，印度佛教称"堵坡"是埋葬僧人的地方，后来也叫"浮屠""灵庙""圆冢"等。传入中国后，全国各地多有建造，据不完全统计，现存古塔有一万余座，但其式样多已中国化。我国现存最古的高层砖石建筑嵩岳寺塔，位于河南登封嵩山南麓，建于公元523年，塔身12角形，高41米。外部作密檐15层，叠涩外挑，径围略大，顶置塔刹，相轮7层收顶，塔表涂白灰，外轮廓呈美丽的流线型。石窟寺简称石窟，起源印度，是佛教建筑的一种，依山崖开凿而成，是佛教徒学佛苦修的地方。公元3世纪的魏晋时期，我国开始建造石窟，以北魏至隋唐最盛行。在新疆、甘肃、宁夏、山西、河南、山东、江苏、辽宁、四川、云南等地都有石窟。如敦煌莫高窟、天水麦积山石窟、永靖炳灵寺石窟、大同云冈石窟、洛阳龙门石窟、拜城克孜尔千佛洞等。在洞窟的关键部位却又仿造传统的木构建筑刻出斗拱、屋顶等形象。

六 隋、唐、五代时期（581～959年）

　　隋朝为时仅37年，却进行了大规模的建设，最著名的是：新都大兴城（唐朝改称长安），全长2000多公里的大运河，世界上最早的敞肩拱桥安济桥（赵州桥）。安济桥位于河北赵县城南的洨河之上，建于隋大业年间（605～617年），桥长50多米，宽9米多，全部用石砌成。桥一拱跨过河，中无桥墩，拱的跨度37米多，拱矢只有7米多，矢跨比5：1，在世界桥梁中极其少见。它的拱不是半圆形，而是"坦拱"（似弓形），坡度缓而便于人马车行。在大拱的两肩，各有两个小拱，首创了世界上"敞肩拱"的新式桥梁。这种结构，既省石料，又方便泄洪，既美观大方，又增加了桥的稳定性。隋朝虽然没有留下官室建筑，但我们可以通过出土的陶宫殿和贵族女孩李静训的棺椁的式样大体了解隋建筑斗拱粗大，屋顶坡缓与唐建筑风格一致的特征。隋灭北周后，在汉长安城东南营造新都，著名建筑家宇文恺负责规划设计和营造。面积84平方公里，有110坊，两个市，纵横排列，形成方格网街道。大兴城是人类进入资本主义社会前所建的最大的城市。大兴城即被唐朝坐享其成，更名长安，并为国都320年。

唐代是中国古代建筑的第二个高峰。

佛寺大盛，集建筑、雕塑、绘画艺术于一堂，保存至今的只有几座木构佛殿和若干砖石塔。佛光寺创建于北魏孝文帝时期，唐元和年间。会昌五年（845年）唐武宗李延下令废佛，史称"灭法"，佛光寺除祖师塔及几座墓塔外，所有建筑皆毁。到大中十一年（857年）佛光寺在旧址重建。东大殿是佛光寺的主殿，位居地势最高、全寺的最后部位。殿前松树掩映，殿后山崖陡峭。大殿依地形坐落在用石块垒起的十多米的高台之上，居高临下，气魄雄伟。大殿面阔七间，进深四间，八架椽，单檐庑殿顶。屋顶坡缓，屋檐伸出较远。前檐五间设板门，两尽之间砌坎墙，上安直棂窗。板门上保留有部分唐、宋、金、明各代游人的题记。大殿用檐柱和内柱承载着殿顶屋架。柱头设置雄健粗大的斗拱，挑起深远翼出的屋檐。内柱柱础无饰，前檐柱础满雕莲瓣。殿内小方格平棊将梁架隔为明和草。用材略大，将唐代木构件的特有形制都显现出来。南禅寺位于山西五台县南李家庄西北，坐北朝南，规模不大。主要建筑有山门、龙王殿、菩萨殿和大佛殿，组成一个四合院式建筑群。此殿重建于唐德宗建中三年（782年）。因地处偏僻，幸免于"会昌法难"保存至今。寺进深、面阔均为三间，单檐歇山式屋顶，殿内无柱，以四根同长的椽直架于前后檐柱上，并且外伸。斗拱只有柱头与角科，而无平身科，梁架结构简单，出檐很深，是典型的唐代建筑。

斗拱是鉴定建筑年代的重要依据。唐与明、清斗拱在结构上的不同是：唐代的第二层出挑华拱（垂直于屋檐方向的拱），向内联系内外柱间的乳栿（佛光寺大殿）或屋架大梁（南禅寺大殿）；向外承托屋檐的重量。而明、清的华拱不起上述作用，仅起装饰作用。由于唐代的斗拱在建筑中，承担着传力的重大作用，因此体型尺度都很壮硕。

唐代建筑的"侧脚"和"生起"做法也是一大特征。二者都是将建筑的中间除外，外檐的柱子在处理时有些变化：侧角是，都令"柱首微收向内，柱角微出向外"；生起是，中间以外的柱子，都增高一些，据中心越远，就越高一些。这样处理，使得建筑的造型更具韵味，也更稳定。从南禅寺及佛光寺的东大殿都可以鉴证。唐代的屋顶坡度平缓舒展；宋代渐陡；明、清更甚。屋角翘起的做法，始于五代、北宋之后，在唐代只是少数个例和较含蓄的做法。莫高窟的建筑特点是唐宋时期所建的窟檐建筑，也是研究我国古代建筑的珍贵资料。

七 宋、辽、金、元时期（960～1368年）

辽代建筑应是唐北方建筑的延续，其早期的建筑，蓟县独乐寺观音阁，几乎与唐代建筑无异。观音阁位居全寺的中心，是辽尚父秦王韩匡嗣用再建的，于公元984年间建成。阁面阔五间，进深四间，底层长20.2米，宽14.2米，外观二层，中部有腰檐和暗层，实际为三层，单檐歇山式屋顶。殿阁型梁架，有内外两圈柱子，似宋《营造法式》中的"金厢斗底槽"。在二、三层的回廊，可以从多种角度去观赏佛像。山门面阔三间，长16.57米，进深两间，宽8.76米，单檐庑殿屋顶，明间开板门，左右次间各有一辽塑力士像。阁和山门按一定比例设计，以底层柱高为模数，1、2、3层往顶的间距，以及第三层柱顶到藻井的高度一致，与应县木塔的设计方法一致。山门的脊高是柱高的两倍，与观音阁及佛光寺东大殿相同。所有的一切，都反映出唐、辽建筑设计的规律。

辽代木结构佛塔，建于公元1056年，是世界上最高大的古代木构建筑。木塔位于佛宫寺中轴线的中部，形成以塔为中心的总体布局。塔的平面为八角形，底层副阶前檐柱对边25米。塔外观五层六檐，最下层是重檐，二至四层有平座夹层，全塔实际九层，高67.31米，是典型的"楼阁式"塔。塔的八角形平面，使应力分布更均匀，内外槽构成的筒形框架结构方式改变了早期中心柱、墩的做法，争取了中部空间，同时也加强了塔身的抗弯、剪的能力。塔所有的柱子通过梁、枋联结成一个筒形的框架，全塔共使用了六十几种不同组合的斗拱。底层以上的2～4层，金代在维修时增加了斜撑，形成了类似平行桁架式的组合圈梁，使结构更加完善。整个木塔是一个由柱、斜撑、复梁与斗拱的组合体，它不仅可以抵抗较大的风力，而且有效地提高了抗震的能力。应县木塔是将使用、结构与造型完美结合为一体的典范。适度的比例和端庄的形体，堪称高层木结构建筑的划时代杰作。北宋官式建筑，融合中原与江南建筑的特点，风格绮丽，装饰繁复，手法细腻，而有别于唐、辽建筑的饱满浑朴及简练雄放的风格。这在河南禹县白沙宋墓墓室结构、晋祠圣母殿、正定隆兴寺摩尼殿的建筑中可以看到。白沙宋墓是迄今为止发现的结构最完整、壁画内容最丰富的北宋仿木结构建筑、雕砖壁画墓。

晋祠圣母殿。是北朝以来著名的祠庙，为宋、金时期建筑。重檐歇山顶。其构架属于宋代殿阁中的"单槽副阶周匝"而稍有变动。此殿殿身的进深与脊檩的高度相等，副阶脊高是殿身脊高的一半，这些数据关系是研究北宋建筑的重要资料。

隆兴寺原名龙藏寺，创建于隋开皇六年（586年），北宋开宝二年（969年）宋太祖命建大悲菩萨立像和阁，成为北方巨刹。寺内尚存四座宋代建筑，即山门、摩尼殿、慈氏阁及转轮藏。摩尼殿的建筑平面东西稍长略呈方形，殿的四面均出抱厦，为出入口，其他为墙，主出入口在南面，前有月台，重檐歇山式顶，抱厦是单檐歇山。宋代称此种建筑形式为"龟头屋"，在宋代的绘画中也屡见，但遗存实物仅此，十分珍贵。

保国寺旧名灵山寺，始建于汉，位于浙江省宁波市西郊灵山。其大殿重建于北宋大中祥符六年（1013年），是江南现存最古老的木构建筑之一。大殿面阔三间，长11.83米，进深三间，纵13.38米，进深大于面阔。单檐歇山式屋顶（清代在其三面增加了下檐）。大殿的内柱高出外檐，前后檐柱上的梁的后尾插入内柱柱身，与厅堂型构架相近，但柱上重叠多层柱头枋，前部装平棊镂空藻井，又具殿堂型构架的特征。颇具北宋、辽代的构架形式。殿的柱头作"七铺作双抄双下昂单拱偷心造"，下昂长达两椽架，抵在内柱华拱之下，中间承下平，作用如斜梁。柱子由四条拼合而成，宋代称"八瓤"、"八混"，柱头栌斗也作八瓣，补间铺作栌斗为矩形。这些特点与《营造法式》一致，有些属唐、五代的遗制。

苏州玄妙观三清殿、泰宁甘露庵，多有一些穿斗架的特点。南宋园林凭借优美的自然环境和人文背景，与诗词画意结合，造景幽益，意境深远。三清殿是玄妙观的主体建筑，建于南宋淳熙六年（1179年），由当时的名画家赵伯驹之弟赵伯肃设计。殿广九间，进深六间，高25.5米，重檐歇山顶，屋顶坡度平缓，出檐深远。殿的内外柱排列一致，很有规律。殿内是圆形木柱，外檐为八角形石柱，无减柱布置，开启明清阁殿平面的先声。三清殿承托屋顶的斗拱结构繁复，顶部使用上昂斗拱是我国现存古建中的最早实例。

六和塔坐落在钱塘江畔，为镇钱塘江潮而建。始建于北宋开宝三年（970年），九层，高约167米，塔上有灯，作为夜航标记。北宋宣和三年（1121年）毁于兵火。南宋时重建（1156～1165年），其外部的外檐廊是清光绪时重修之物。

山西侯马董氏墓。建于金大安二年（1210年），仿木构建筑，除了柱枋斗拱及八角藻井外，还精雕细刻了须弥座、格子门、垂花廊、屏风，是研究金代建筑的极好资料。

宋李诫《营造法式》。中国古代建筑发展到宋代，已经进入第二个高潮并达到了相当成熟的阶段，在出现的若干建筑学的专著中，尤以李诫的《营造法式》最为著名。李诫，公元1092年任职"将作监"（皇家工程总负责），官职由主簿、丞、少监直至正监。他主持修建了五十邸、龙德宫、朱雀门、九成殿、太庙殿和钦锡太后佛寺等工程。公元1097年他奉旨"重别编修"《营造法式》。全书共34卷，内容分为五个部分：

一、"序"、"孑"和"看样";二、"总释"、"总例"二卷;三、各作制度十三卷;四、"功限"、"料例"十三卷;五、各种工程图样十三卷。这部伟大著作的出现,标志着我国古代建筑艺术已达到了成熟定型的阶段。从此以后,元、明、清各代的建筑,沿着这种模式及其规范,略作调整并加以充实,但并无突破性进展,基本上还沿袭着宋代建筑的形式。改变比较大的是,殿堂底盘的布局,将内槽缩小为神坛间,宋式结构仅为回廊的外槽扩大了,不分草明。其虽沿用宋式用材的分制,但是,规格却低2~3等,因此,宫殿显得柱子高、梁细、斗拱小。而这些变化,正是中国古典木结构建筑,从宋式逐渐演变到明清官式的重要例证。中国古代木构建筑的最高级代表,毫无疑问是宫殿建筑,因此了解了宫殿建筑的营造法式,也就掌握了寺庙、王府、官衙、民宅等建筑的技术手段。因为宫殿建筑以外的任何建筑所运用的技术手段,前者都具备;反之,受等级、财力等诸多因素的制约,后者是不可能达到的。可以说,认识了代表中国古建最高等级宫室建筑的营造法式,也就了解了城市建筑的基本的常识性要素。请看以下的实例:

　　规划布局　宫殿建筑的规划、选址,必须符合阴阳术数的风水堪舆的观念(犹如今之绿色环保的概念),才有益于王气的风发。建筑物的安排,大体上依照中轴线左右对称,前朝后室,左祖右社,层层进深,秩序井然的格局。

　　台阶基座　早期为夯土台,后世为砖石雕砌,以显示建筑的等级。有四个级别:平直的普通基座,有石栏杆的较高级基座,须弥座式的更高级基座,几个须弥座叠加的最高级基座。前两种可为市民、王公所用,后两种唯宫殿式建筑方可使用。台阶随基座的等级也为四个级别:普通踏跺(石块叠砌而成);两侧有垂带石的拾级较高的较高级踏跺;有垂带石加石栏杆且拾级更高的更高级踏跺;有垂带石加石栏杆与雕龙刻凤斜坡且三阶并列的最高级踏跺。普通踏跺可三面上下,用于次要建筑或主要建筑的次要出入口处。较高级别的踏跺,只能一面上下,用于较高级建筑的出入口处。更高级的踏跺,用于更高级建筑的出入口处。最高级的踏跺,是正中的皇帝的御路神道,两边的台阶是臣子进退的阶梯。

　　屋身构架　《营造法式》的"大木作"就是指屋身构架。由柱、枋、梁、斗拱、桁、椽等木材,按照一定的尺度比例及其形状体量,组合而成的基本框架。柱间可砌墙、安装门窗,椽上可铺设屋顶。

57

柱　是指竖立的木材（圆形），按其所处的位置，分檐柱和内柱。两柱可以等高，也可内柱高于外（檐）柱，正面两柱间称为"开间"、"面阔"。为取吉祥，大多开间是奇数。开间越多，等级就越高。民间用三、五开间，宫殿、寺庙、官衙用五、七开间，隆重的九开间，最多的十一开间。位置正中的叫"明间"、"当心间"，左右两侧的分别叫"次间"、"梢间"，最外的叫"尽间"。九间以上的，增加次间。

枋　是柱子的上端横向连接并承重的构件，也叫"额枋"、"阑额"。其断面高宽2∶1。南北朝前多置于柱顶，隋唐后移到柱间。两根叠用的，上边的叫大额枋，其下的称小额枋，柱角处的称地栿。

梁　柱的上端纵向连接并承重的构件，又称"梁"。有直梁，也有弧形的月梁。断面高宽3∶2，或近正方。南方民居也有用圆木的，则称圆作。

斗拱　联络柱、枋、梁的木构件，由方形的斗、升、弧形的拱、斜出的昂组合而成，起承重的作用，将屋顶的重量传递到柱上；有装饰作用；有表示等级作用。一般表现在官式建筑中，种类有：外檐斗拱、内檐斗拱、柱头斗拱、柱间斗拱、转角斗拱；一斗二升、一斗三升、一斗四升；单层拱、多层拱等。

桁　横向连接梁组成屋顶的构件，其断面为圆形，也称"檩"、"桁"。屋顶正中的是脊桁、两坡依次是上金桁、中金桁、下金桁、檐桁、挑檐桁。托桁使用"替木"，或枋结合替木和斗拱组成的间支撑。

椽　搁置桁上载荷其上望板、苫背、瓦等重量的构件，自上而下是脑椽、花架椽、檐椽、飞椽。房屋的纵向尺度即进深可用椽的数量表示，如有四椽，则叫四架椽屋。也可用纵向的柱数表示，四根柱子，就叫进深四间。

屋顶形状　古建筑屋顶极富变化，其形式有：庑殿、歇山、悬山、硬山、尖、顶、卷、棚等多种，其组合有单檐、重檐、顶字脊、十字脊。

四坡五脊的庑殿顶　也叫四阿顶、五脊顶。又称庑殿。单檐庑殿顶用于第三等级的建筑。重檐庑殿顶则用于最高等级。

歇山四坡九脊顶　又称"曹殿"，由正脊、四条垂脊、四条戗脊组成，若加上山面的两条搏脊，共11条脊。单檐歇山顶用于第四等级。重檐歇山顶则用于次高（第二）级别建筑。两个九脊顶相交，使屋顶变化生动，但级别并不算高。

悬山两坡五脊顶　其左右屋面悬伸于山墙之外，悬出部分叫"排山"、或"出山"。用于第五级建筑，如故宫太庙的神厨、神库，民居中普遍使用。悬山、歇山若不用正脊，则称之为卷棚顶，多用于园林建筑。硬山顶也叫两坡顶，山墙用砖墙承重并高出屋面。等级更低，在民居中普遍使用。其山墙的形式更变化，如风火山墙等。

尖顶　奇巧雅致，既见于许多高级建筑中，也常用于园林建筑。高级的建筑，用琉璃瓦覆顶，低级的建筑，特别是民居和私家园林只能用灰瓦覆顶。

高级建筑的正脊两端使用有脊兽——鸱

吻、鸱尾、大吻等。其作用有：保护建筑不同坡面交接处不漏雨水；消灭灾祸的术数观念；象征等级权威；装饰美化。

垂脊　在垂脊、戗脊上有大小一队兽头，最高等级建筑上有11个——以骑凤仙人为首，依次龙、凤、狮、天马、海马、狻猊、狎鱼、獬豸、斗牛、行什。都是传说的吉祥动物，具有术数意义。吉祥兽的数量及大小型号，随建筑等级的降低而减少、缩小。

装修　宫室建筑的营造法式以大木作为主要手段，突出大壮之美，但也讲究小木装修及彩绘。民间建筑，因受等级礼仪的规定，不能在大木作上越轨，只好在小木装修方面争奇斗艳。

彩绘　一般使用在宫殿建筑上，最高级用彩画，以两个W括线分割画面，绘龙、凤图案，间花卉，堆金沥粉，产生辉煌效果；次高级的建筑用旋子彩画，以横向的V括线分割画面，也有画龙凤图案的，但比较单调，间补花卉，以旋式组成，贴金只用于主要部位，也有不贴金的。第三种，级别更低，为苏式彩画，布局灵活，题材自由，如人物故事，山水花鸟，不限于宫殿，可用于王府。品级再低的建筑不可以使用彩绘。

室外陈设　华表，汉白玉柱，立于宫殿前，谏言君王关心国家大事，体恤百姓疾苦；石狮或铜狮，设在宫殿、王府大门两旁，象征权威、尊贵，造型、大小，有级别规定；嘉量，古代的标准量器，置于宫殿前，寓意帝王的公正；日晷，古代计时器，置于宫殿前，寓意帝王掌控着天地宇宙的时间；吉祥缸（门海），宫门之前有大海，不怕有火灾；社稷亭（金殿），寓意帝王的显贵；香炉，显现宫廷的神圣；龟、鹤，显现宫廷的神圣和帝王的长寿。

其他　王公大臣及其寺庙道观的室外陈设，也各有规定。民间建筑的室外装饰，使用影壁照墙。

八　明、清时期（1368～1911年）

明、清时期建筑是中国古代建筑史上的第三个高峰。

明初建都南京，宫廷建筑继承南宋以来苏、浙地区的传统形式。明成祖继承帝位后，为了防御蒙古贵族的南扰，迁都北京，并将这种建筑形式传到北方，成为明的官式建筑。而元代的建筑风格，则在官式建筑范围之外延续。明宫殿全用楠木建成，屋面覆盖琉璃瓦。重要的州府县城的城

59

墙都要用砖包砌，而今现存的州府县衙多为这一时期的遗存。明中叶修筑万里长城，是极为艰难险峻的浩大工程。山西、安徽等地现存的明式住宅，有鲜明的地方特征。明后期又盛行造园风气，中国古代园林除皇家园林之外，还有官僚、富贾、地主等人所有的私家园林。魏晋南北朝时期，文人士大夫隐逸山湖，寄情山水，注意生活区域的环境，是私家园林的发端期。唐朝是园林的发展时期，宋代皇家、私家园林也很发展。

清朝的官式建筑在明的基础上仍有发展，其以斗口（拱宽）或柱径（三斗口）为模数，以便计算。梁柱的结合简单，斗拱演变为装饰，外观比宋时严谨，构架类型减少，标准化程度高，便于预制及施工。清雍正十一年（1733年）颁布的《工程做法》，概括了明清两朝建筑的主要特点。就全国而言，北京圆明园、颐和园、承德避暑山庄以及私家园林的兴起，是清朝在中国古建艺术方面的重大贡献。

明、清两朝的园林发展除皇家园林外，私家园林发达的地区，还是上海如豫园，苏州如拙政园、留园、网师园，无锡如寄畅园，扬州如个园、何园等。此外，在我国古典建筑中还有北京的明清角楼、天坛、牛街礼拜寺，西藏的"布达拉宫"、湖北丹江口"紫宵宫"，以及万里长城，山西平遥古城、丁村民宅，安徽潜口民宅、北京四合院、浙江杭州吴宅、福建客家住宅、云南景洪傣族住宅等都是根据气候环境，当地民风习俗，使用木架构居多，也有架空的干栏式住宅，诸多的兄弟民族住宅多姿多彩，各具特色，形成了我国多民族建筑的多元化风格。

本次析叙建筑发展史实，大体沿着中国历史发展的顺序，以代表最高水平的宫殿建筑为重点，对城市、宫殿、民居、寺庙等建筑的实例进行介绍，希望能对读者有所帮助。以此增强爱护文物遗产意识。因掌握知识有限，难免遗漏，敬请专家老师指正。

【宁波传统民居的建筑特征】

郑　雨·宁波市保国寺古建筑博物馆

　　摘　要：民居特征包括社会特征和居住特征。社会特征指民居的历史、文化、信仰、习俗和观念等社会因素所形成的特征。居住特征指民居的平面布局、结构形式和内外建筑形象所形成的特征。宁波传统民居体现了宁波当地的社会特征和居住特征，是宁波人千百年来长期经验总结和智慧的结晶，具有浓郁的地方特征。本文主要通过作者十多年来对宁波传统民居调查、研究、分析的基础上，来概括、提炼出宁波传统民居的建筑特征。

　　关键词：传统民居　建筑　研究

　　宁波传统建筑遗产十分丰富，不仅有寺、观、庵、庙，还有民居、祠堂、会馆、书院等民间建筑。其中民居是最基本的、数量最多、与人民生活密切相关的一种建筑类型。宁波现存传统民居大多建于明清和民国时期，这些建筑风格多样，各具特色，具有某个历史时期江南水乡的传统风貌和浓郁鲜明的地方特征。

一　布局讲究，注重风水

　　传统民居布局，讲究主次和主从，层次和序列的关系，注重风水习俗，体现"天人合一"的居住理念，并由主人的社会地位，经济实力，个性爱好，家庭成员结构，习俗信仰和生产生活方式决定。

　　天井院落式的平面布局。天井院落式民居，是三面房屋一面墙，或者四面房屋围成一个庭院，中间留出天井，称为三合院和四合院。正屋有三间或五间，如楼房，在厅堂或正屋两侧设有楼梯。有的占地面积较大，分前院、后院，沿中轴线正屋前后院有二进或三进，东西两侧建有厢房，前后正屋及正屋与厢房之间大多有廊弄相接。有的还建有私家花园，设假山、亭廊、水池等，布局精巧。住宅的门窗都朝向天井，对外开窗很少，一般在二层两侧山墙上开窗，好处是有利于通风和采光。

"高墙窄巷、四水归堂"的基本特点。宁波居民户与户之间用山墙界定建筑的范围，为利于防火、防盗，提供了私密性空间。围墙高度一般4米以上，通道称为墙弄或巷，为节约用地，宽度以轿子或马车能通行即可，一般2～3米之间，如宁波的桂井巷、大书院巷，分别均宽为2.5米和3米。下雨排水，在形式上通过屋面，实际是地面聚集排放，表达了"四水归堂、肥水不流外"之意。

坐北朝南，坐西朝东的朝向。从文化背景看，民居朝向与"向明而治"的思想有关。《周易说卦》中说："圣人南面而听天下，向明而治。"孔子在《论语雍也》中也说："雍也可使南面。""向明而治"实际上是"向阳而治"。这是我国古代特有的"面南文化"。因为，阳光大多数时间从南面而来，人们的生产、生活又以直接获得充足阳光为前提。这样，决定了人们采光必然是向南朝向。时间一长，就形成了"面南而居"的风水观念。"坐西朝东"则是尊日东向，紫气东来的体现。

功能明确，序列感较强。平常人家功能相对简单、占地面积也有限，通常有：门厅、正厅、偏房；牌楼门、正厅、后厅等组合形式。大户人家一般占地面积较大，人员构成有家庭成员、佣人、家丁等，室内功能分类也较多，通常有：门厅、仪门、正厅、后厅、厢房；门厅、仪门、轿厅、正厅、后厅、厢房、偏房等组合形式。但都讲究中轴的序列感，突出主体建筑的地位，依据功能的重要性往往知道最主要的建筑，那么最主要的建筑也是最重要的功能所在，如：正厅，一般是民居中最主要的建筑，往往把正屋做成进深、开间、体量最大，建筑高度等级最高，其他建筑随着功能逐步次之，突出重点，主次分明，主从关系明显。

在轴线和通道的布置上，也有主次之分。主要通道，从主入口大门按中轴出入，供主人、宾客通行。佣人等只能从边上的避弄进出。如：青石街洪宅，紫金街林宅，镇海后大街林家大屋、戴荣坊等。

在建筑开间、举架上也有讲究。明代建筑在宅第等级制度方面有较严格的规定。一二品官厅堂五间九架，下至九品官厅堂三间七架；庶民庐舍不逾三间五架，禁用斗拱、彩色。所以，宁波保留的明代建筑都符合这样的规定，如余姚朱家大厅，宁波张苍水故居、范宅等。清代和近代住宅规定虽然不像明代这样严格，但在开间、举架等方面还是非常注意的，没有突破。

讲究大门定位。对门和对冲邻家屋角，在风水上属忌讳。同时在实际生活中也不方便，缺少私密性和对角的安全性。大门对面一般不宜设正屋，道路方向不宜正对住宅正屋。如果道路正对住宅正屋，大门对面设正屋，那就是"冲"，一般都会设照壁遮挡，化解风水上的缺陷。如宁波郁家巷盛宅、惠政巷民宅就是用这种方式处理。

二 因地制宜，别具匠心

宅基地方正的，建筑平面结构自然好安排，但实际上由于各种原因地基往往弯斜

62

不规则，这就在实际建造过程中需因地制宜，周密规划。如月湖西区的延寿堂，地形非常不规则，由于主人布局得当，让人感到非常精致。惠政巷民宅，地基梯形状，还有转折，主人合理安排了各建筑之间的关系，使人感到别有特色。莲桥街胡宅，地基狭长，经过主人精心布置，充分利用地形，院落有机组合，结构令人叹服。

建筑材料各地也因地制宜，就地取材，在四明山区、塘溪等山村，住宅采用溪坑石做墙基，地面采用卵石铺装。有的还用卵石铺成铜钱纹、荷花等吉祥图案，在仅有的材料中寻求变化，表达普通百姓的愿想。象山蔡家、宁海许家山等山村，采用当地大量石头构筑墙体，被称为"石头村"。

在潮湿多雨地区，考虑到木柱容易腐烂等因素，一些建筑、老凉亭的廊柱、柱子采用石柱，上部用榫头连接木梁架。

院落花园中的假山，大量采用本地海岛石，充分利用海岛石的"皱、漏、透、瘦"特征叠山造景，形成具有浓郁地方特色的甬式园林景观和造景风格。如：秀水街吴宅，郁月街盛氏花厅、天一阁、紫金街林宅等的庭院园林（图1）。

三 务实实用，儒雅大方

宁波传统民居用材方面，木材以杉木、松木等当地乡土树种为主，石材也以当地出产的青石、梅园石为主，名贵木材在民居建筑中使用较为罕见。民居建筑大多不太追求华丽，讲究务实实用，儒雅大方，雕饰也不多。一般雕刻主要在抱头梁、牛腿、雀替、柱础等部位，室内梁架一般不施雕刻，柱子及梁架规格比较轻巧实用，等等，这些与徽派建筑形成强烈对比。

建筑的外墙色彩主张平淡自然的美学观，以冷灰为主调，以黑白为基色，青砖、粉墙或清水砖墙、黛瓦，以黑、白、灰的层次变化组成单纯、统一的建筑色调，有空斗清水墙、实砌墙、表面抹灰的和瓦爿墙，具有质

图1　紫金街林宅花园九狮一象寓意"久思一想"

朴典雅之美。据说这种色彩格调是受南宋理学家朱熹"大抵圣人之言，本自平易，而平易之中其旨无穷"的思想影响。

宁波历代文人喜欢读书，也喜欢藏书，藏书楼一般建在故居里，相当于现代的书房。藏书楼的建筑装饰很朴素，结构一般只有一部楼梯，窗外有木格栅等，可能是考虑防盗吧。另外藏书楼的名称十分儒雅，如：元袁桷的"清容居"；明初丰坊的"万卷楼"，范钦的"天一阁"，范大澈的"卧云山房"；清黄宗泰的"续抄堂"、万斯同的"寒松斋"、郑性的"二老阁"，全祖望的"双韭山房"、卢址的"抱经楼"；民国年间张寿镛的"约园"、秦润卿的"抹云楼"、李庆城的"宣荫楼"、张之铭的"古欢室"、孙家淮的"蜗寄庐"、冯贞群的"伏跗室"等等。

四 低调内敛，张弛有度

纵观宁波保留大宅，普遍高墙围护，主门偏侧，简易朴素，特别是在清末宁波开辟为通商口岸以后，经商做生意的人很多，房主人在有钱不外露的思想支配下，对居宅大院着意于"深"和"藏"。而"深不可测"、"藏而不露"，也常是中国士大夫借以自勉的处世哲学。如紫金街林宅，入口大门规格特意做小（图2），门内影壁雕刻简易与内天井砖雕照壁繁琐雕刻形成强烈反差。杨坊故居，仪门朝外一面雕饰简练朴素，内面则雕饰复杂繁琐，连门楣上"杨坊"两个字也是朝内的，可谓是低调内敛的典范（图3）。中营巷赵宅，门厅较窄，外

观普通，极不为外人注目，但进入后映入眼帘的高大仪门为之一惊，宅院规模宏大，堪称月湖西区第一大宅。镇海后大街林家大屋，为占地约三千平方米大宅院，但主入口大门采用围墙上开石框单间板门，内单披屋面，简单朴素（图4）。鄞州钟公庙严康楙故居，一幢三间两层木板房，非常简朴，其实他是叱咤上海滩的金融大亨。又如象山南充村郑宅中的木格窗，朝外侧是采用素面，而内侧雕刻精美。

以大门的窄小低调，从进入大门后的导引空间到大天井，再到前院、正厅、厢房、后院等等，这种空间的序列感，会让人一紧一松，张弛有度。

建筑厅堂的庄严高敞，不是体现在建筑装饰上，而是在梁架结构上进行精心设计，通常采用复水椽的形式，就是二层不做楼板，在接近二层屋面下再做一层椽子和望砖，来体现厅堂的庄严高敞，这种做法在清代民居中较为常见，如毛衙街士大夫第、拗花巷屠氏别业、镇海后大街戴荣坊等。在低调朴实中寻求变化。

图2　紫金街林宅外部入口大门

64

杨坊故居仪门外侧素面简练　　　　　杨坊故居仪门内侧砖雕精致

图3

五　注重细节，崇尚传统

　　宁波传统民居建筑所用材料基本相同，建筑布局很严谨、也很有规律，但在具体做法和细节处理上别出心裁。如同样是前檐下的牛腿或抱头梁，式样各异，变化丰富，基本没有雷同。马头墙，根据主人的身份、喜好，各有讲究。脊头上翘并开岔，看似喜鹊尾形，称为喜鹊马头（图5）；脊头上翘然后往后翻卷，看似关公的青龙偃月刀形，称为大刀马头，一般武职或是商人喜欢砌成此形；脊头平直，上面用砖叠成方形，似一颗印形的，称一颗印马头，一般为文官府第。如屠氏别业正厅的山墙，造型像凤凰头，是抽象象形与传统的有机结合，是主人的思想个性的体现（图6）。另外在近代建筑中有式样多样的巴洛克式观音兜山墙，如生宝路金宅、新马路建筑群等洋风建筑山墙变化多样（图7）。

　　大门的做法也有不同的式样：有门厅、牌楼门、石框门、洋式石库门等。如中营巷赵宅、杨坊故居、银台第、倪家大屋等采用门厅形式；紫金

图5　莲桥街南湖袁氏宅

图4　镇海林家大屋大门外侧

图6　屠氏别业象形马头墙

图7　江北新马路建筑群

街林宅、张苍水故居、新浦老屋、沙耆故居等采用牌楼门形式；袁牧之故居、共青路张宅、西河巷李宅等采用石框门形式；那么近代洋风建筑大多采用洋式石库门形式。

主入口大门的尺寸甚为讲究，规格基本上按照"鲁班真尺"选定的吉门尺寸来做。鲁班真尺分8格，1-8格分别书写："财"、"病"、"离"、"义"、"官"、"劫"、"害"、

"吉"等字。其中1、4、5、8格所对应的为吉，余为凶。门的尺寸应落在吉门的范围内。而且在选择时，还应根据不同功能的建筑，采用不同的尺寸。如民宅应落在"福德门"、"财禄门"上，官府建筑应落在"官福门"、"财禄门"上，祠堂、庙宇建筑应落在"义顺门"上。

有的民居在墙上使用石窗。因为石窗具有避雨、防腐、防火、防盗等实用优势；同时，宁波是多山的丘陵地区，有丰富的石材。主要材质有梅园石、青石。石窗的图案变化多端，有纯几何纹样组成、吉祥字符组成、自然纹样组成的图案，也有各种纹样相结合的图案，朴实大方，精致华美。石窗往往通过象征、谐音等手法来表达寓意。如凤是瑞鸟，身体有五德之象征，表示富贵吉祥。仙鹤象征长寿，喜鹊象征喜庆。松、竹、梅象征人品的高洁。各种具有象征意义的图像又互相组合在一起，综合地表现出更多的思想内涵。将松与鹤组成画面，寓意松鹤延龄，将牡丹和桃放在一起，寓意富贵长寿。古钱象征财富，又因古钱称为泉，泉与全音同，两枚古钱为"双全"，十枚则称"十全"。石窗的图案纹样不仅是一种艺术形象，更是一种思想的体现、情感的表达和文化的沉淀。"物必饰图，图必有意"，图案也就成为人们意识形态的显现和文化灵魂的流露（图8）。

地面铺装也是多种多样，所用材料有老石板、木地板、三合土、青砖，近代建筑中由于通商开放大量使用进口的地砖、马赛克和水泥地（图9）。具体铺法有错缝、齐缝、

图8　石窗——双龙戏珠　　　　　　　图9　府桥街周宅地砖铺装

方形、菱形等，三合土、水泥地表面一般有压花图案。如青石街77号民居，正厅水泥地表面刻有麒麟图像，栩栩如生。延寿堂室内地面水泥压花图案每一房间都不一样。德记巷12号严宅，室内不但有精美进口地砖、马赛克，天井铺装用大块老石板齐缝铺装，规整统一，铺装十分讲究。

　　郁家巷盛宅，花园中假山造型和手法模仿天一阁假山"九狮一象"，寓意长久的思考和想；栽植的植物含义深刻，因主人酷爱山水、松竹、蕉梧，他以山性近静、水性近灵、竹性近虚、松性近坚、梧桐性近孤、芭蕉性近卷舒等山水佳木的高洁品格自勉，陶冶自身情操（图10）。花厅采用重檐歇山顶，飞檐翼角，居高远望，犹如一艘巨舟停泊在那里，故又名"停舻"。

　　宁波的传统民居，往往把传统文化与户主的美好愿望相结合，在建筑的不同部位中得到充分体现。

　　在彩绘、雕刻方面，题材往往选用代表传统喜庆吉祥的人物典故、花鸟图像，把诗情画意和人们对美好生活的向往寓意其中。比较典型的是

图10　郁家巷盛氏花厅

被誉为宁波民居三雕之最的紫金街林宅，雕刻图像就有"天女献花"、"鸾凤和鸣"、"文士聚会"、"喜上眉梢"、"家眷和睦"、"敬老携幼"、"白头偕老"、"玉棠富贵"、"加官晋爵"、"天官赐福"、"麻姑献寿"等数十种。五台巷余宅大门五福捧寿图像（图11），德记巷方宅厢房侧墙八仙图像等等。这些图案出现在庭院大宅内，体现了人们对平安、健康、幸福的祈盼，对美好生活的永恒追求。

忠孝节义，是中国传统的道德准则。在民居的装饰图案中，具有代表性的杨家将、精忠报国系列图像经常出现。郁家巷杨坊故居东厢房檐下保存了古代《二十四孝图》人物彩绘，共有三十余米长，为清光绪丁未年

图12　杨坊故居内孝子故事彩画

所绘，有孝感动天、亲尝汤药、扼虎救父等故事（图12）。

近代宁波帮人士的慈善义举，有保存完整的鄞州钟公庙严康楙慈善建筑群等。在建筑装饰图案上有表现桃园结义故事的彩画、雕刻、堆塑等。

六　勇于突破，推陈出新

鸦片战争后宁波成为通商口岸，随之出现了独特的中西合璧近代洋风建筑，成为中国近代建筑史上重要的建筑类型和发展阶段。

近代洋风建筑外墙大部分采用实砌清水墙做法，如海曙府桥街周宅，外墙用青砖砌成，红砖作门、窗、屋角等轮廓线边饰，正立面罗马石柱和拱券，可谓近代洋风民居之最（图13）。又如海曙大书院巷翁文灏故居，立柱和拱券采用砖砌，红砖作门、窗、屋角等轮廓线边饰（图14）。外墙也有抹灰的，如江北新马路建筑石库门建筑群，抹灰做法也有多种式样，麻刀灰、混合砂浆、水磨石、水洗石、水泥砂浆面拉毛等。同时各

图11　五台巷余宅大门图案五福捧寿

种新材料如水泥地、地砖、马赛克广泛应用，各种式样的巴洛克式观音兜山墙也应运而生，如江北生宝路金宅，德记巷严宅等。

深入分析宁波近代洋风建筑，虽然具体式样和做法上融合了很多外来的文化和建筑材料、工艺，但是没有完全改变和抛弃传统的东西，更多的是一种探索和有机的结合。如鄞州严康楙故居外看是比较典型的传统建筑，但明间屋架采用了人字架形式。莲桥街姚宅，外看是洋风浓郁的西式建筑，但屋架采用了传统的穿斗抬梁式。毛衕街陈宅，主要在栏杆、挂落、雀替等装饰构件的式样采用了西式风格，但梁架结构及做法还是按照

图13　府桥街周宅外立面装饰

传统的。北仑东呑山徐桴故居外大门，采用了西式做法加入了中式的门匾（图15）。又如余姚临山镇沈明记洋楼，门厅外侧采用西式门楼，内侧采用中式亭子组合而成（图16）。

当然，这种勇于突破，推陈出新的精神，也是以一定的理论和思想为基础，那就是宁波是阳明心学说和浙东学派的发源地，宁波人也深受阳明心学和浙东学派思想的影响。王阳明的心学，作为儒学的一门学派，强调生命活泼的灵明体验。浙东学派，以注重研究史料和以通经致用为治学

图14　大书院巷翁文灏故居立面装饰

70

宗旨，思想特点是：开拓创新、兼容并蓄、
文史汇通、自成体系。从保存的传统民居分
析，阳明心学和浙东学派思想，已深入人
心，特别在近代建筑中体现得淋漓尽致。

　　居者，居其所也。所处的不同区域、不
同的地理、历史、文化、信仰、习俗、观念
等因素形成的民居，是物质与精神、意识的
紧密联系，对如何把握和了解宁波传统民居
的特征，具有重要的现实意义。

图15　北仑东岙山徐桴故居大门

参考文献：

[一]　罗哲文主编：《中国古代建筑》，上海古籍
　　　出版社，2001年12月版。

[二]　北京土木建筑学会主编：《中国古建筑修
　　　缮与施工技术》，中国计划出版社，2006年
　　　1月版。

[三]　刘大可编著：《中国古建筑瓦石营法》，中
　　　国建筑工业出版社，2008年1月版。

[四]　马炳坚：《中国古建筑木作营造技术》，科
　　　学出版社，2008年6月版。

图16　余姚沈明记洋楼

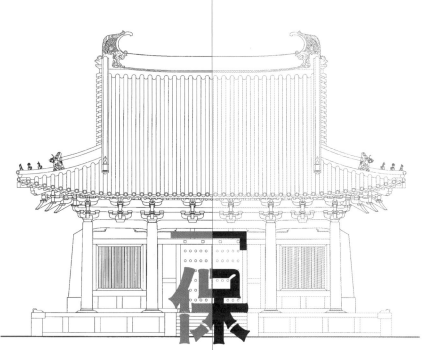

「保国寺研究」

【斗拱的斗纹形式与意义】[一]

——保国寺大殿截纹斗现象分析

张十庆·东南大学建筑研究所

[一] 本文为国家自然科学基金项目（编号 50978051）子课题"保国寺大殿研究"的相关论文。2009 年至 2011 年，东南大学与保国寺古建筑博物馆合作，勘察测绘了保国寺大殿。东南大学建筑研究所建筑史研究生参与了该课题的测绘和研究工作，包括本文内容的讨论，研究生胡占芳硕士论文也讨论斗纹做法。

73

摘　要：关于古代建筑斗拱的研究，以往较多地偏重于形制方面，而关于斗、拱的制作加工，则相对而言关注较少。本文以保国寺大殿的斗纹现象为线索，分析斗纹现象的时代与地域特征，揭示其在中国建筑史上的独特内涵和意义。

关键词：保国寺大殿　营造法式　斗纹形式

一　江南斗型与斗纹

（一）保国寺大殿的截纹斗现象

关于古代建筑斗拱的研究，以往较多地偏重于形制方面，而关于斗、拱的制作加工，则相对而言关注较少。通过保国寺大殿全面精细的勘察分析，在斗的制作加工上，有一个特色值得注意，即大殿的截纹斗现象。所谓截纹斗现象，简单而言，即保国寺大殿斗拱的单槽散斗看面，显示为截纹形式（图1、图2）。这一现象与我们通常印象中以光洁顺纹面作为看面

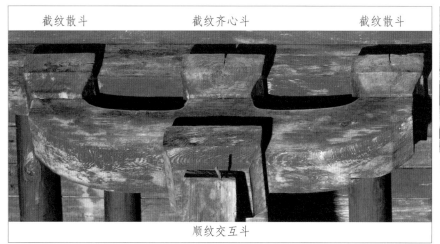

截纹散斗　　　　截纹齐心斗　　　　截纹散斗

顺纹交互斗

图2　保国寺大殿截纹斗形式（西山补间铺作里跳令拱散斗）

图1　保国寺大殿散斗的截纹形式

的斗纹特色相异。通过考察分析，保国寺大殿的截纹斗现象，并非个例做法，且有其独特的内涵意义。其内涵不仅表现为加工制作的技术意义，而且具有时代与地域特色，乃至匠师谱系的内涵和意义。因而，保国寺大殿的截纹斗现象，是深入分析和认识保国寺大殿的一个独特线索与视角。

（二）截纹斗与顺纹斗形式

斗拱构成上，斗型分类有齐心斗、交互斗、散斗和栌斗四种。保国寺大殿栌斗有圆斗和讹角斗的特殊造型，属大斗形式；散斗、齐心斗和交互斗三者为小斗形式，是斗拱构成上数量最多的构件类型。

分析三种小斗的斗型特征，在比例构成上，保国寺大殿三种小斗为《法式》型，这有可能是现存遗构中的最早者。根据开槽形式的不同，其三种小斗可分作两类，一是单槽斗，一是十字槽斗。其中单槽斗为散斗，十字槽斗为齐心斗和交互斗，偷心处及令拱下的交互斗，以及无耍头令拱上的齐心斗，虽作单槽形式，然属十字槽斗的特例。

以开槽方式归类，小斗只有两种：一是单槽的散斗，一是十字槽的交互斗与齐心斗。这是截纹斗与顺纹斗分析的认识基础。

斗的开槽，是斗加工制作的重要工序，且开槽方式与斗纹形式直接相关。所谓截纹斗和顺纹斗均是针对单槽斗而言的，即以单槽斗的开槽方式定义和区别斗纹形式。具体而言，单槽斗的开槽加工，若横截木纹而开槽，则为截纹斗，其顺槽斗面为截纹形式；若顺沿木纹而开槽，则为顺纹斗，其顺槽斗面为顺纹形式。图2保国寺大殿令拱上下的四

个小斗，正包含了截纹斗与顺纹斗这两种斗纹形式，即拱端的截纹散斗，拱心的截纹齐心斗，拱下的顺纹交互斗。因此，所谓截纹斗和顺纹斗，是相应于不同开槽加工形式的结果。

截纹斗形式反映了保国寺大殿斗拱的一个特色。保国寺大殿所有的单槽散斗，皆截纹斗形式。单槽截纹散斗成为保国寺大殿斗纹做法的突出特色。

（三）十字槽斗的摆放形式

如果说单槽截纹斗具有加工制作的意义，那么对于十字槽斗而言，因是两向开槽，故其斗纹特色，只有摆放的意义，即以顺纹面或截纹面为斗的正向看面的摆放方式的差别，而无开槽加工的区别。

保国寺大殿十字槽斗的摆放形式，除斗型替用的特例外，有如下特色：十字槽交互斗，以顺纹面为正向看面而摆放；十字槽齐心斗，以截纹面为正向看面而摆放。

十字槽斗的特例，即偷心处及令拱下的单槽交互斗以及无耍头令拱上的单槽齐心斗，仍按十字槽斗的形式摆放，也就是偷心处及令拱下的单槽交互斗，仍以顺纹面为正向看面而摆放；无耍头令拱上的单槽齐心斗，仍以截纹面为正向看面而摆放。总而言之，大殿齐心斗无论十字槽还是单槽，皆以截纹面为正向看面；大殿交互斗无论十字槽还是单槽，皆以顺纹面为正向看面。因此，大殿十字槽斗的三种特例，即偷心处的单槽交互斗实际上成截纹斗形式，令拱下的单槽交互斗成顺纹斗形式，而无耍头令拱上的单槽齐心斗成截纹斗形式。

在十字槽斗的摆放形式上，保国寺大殿齐心斗以截纹面为正向看面的特色甚为显眼，推测其原因在于追求里外跳令拱上三小斗斗纹的统一与协调，从而拱心上的齐心斗斗纹与两端的截纹散斗取得统一，这一斗纹特点包括大殿藻井斗拱皆是如此。

所谓截纹斗与顺纹斗，皆是针对单槽斗而言的。在保国寺大殿上，唯散斗为真正意义上的截纹斗。故下文关于斗纹的地域性以及南北做法的比较，皆以散斗为对象。散斗作为数量最多的斗型，无论在加工上还是造型上，都具有典型意义。

二 斗纹做法的地域特征

（一）截纹斗的江南地域特色

关于保国寺大殿截纹斗现象的分析，其意义在于截纹斗做法并非保国寺大殿的个别现象，而是江南木构建筑典型和普遍的特色。江南自保国寺大殿以来的历代木作遗构，截纹斗做法是不变的定式，且截纹斗做法的传承直至现代，至今江南传统木构建筑施工中，仍普遍采用截纹斗做法。因此，截纹斗做法应是伴随工匠谱系而传承的江南地域做法。

江南地区，北宋保国寺大殿之后的宋元木作遗构，有虎丘二山门一座，以及延福、天宁、真如、轩辕的元构四殿，再加上时思寺大殿、钟楼二构及旺墓村土地庙等，诸构代表了保国寺大殿以来江南木构技术的传承。考察分析以上诸构斗纹做法，皆为截纹斗形式，无一例外（图3）。其中，时思寺钟楼的截纹斗做法更具特色，其令拱处的散斗、齐心斗及交互斗三者，规格尺寸统一，皆为截纹斗形式（图4），进而包括补间单槽栌斗也全取截纹斗

图3　浙江景宁时思寺大殿截纹斗形式（西檐令拱位置）

图4　浙江景宁时思寺钟楼截纹斗形式（三层令拱位置）

形式。其截纹斗做法的规格化和全面性，较保国寺大殿更进了一步。

截纹斗做法，可称是江南木构技术传统的典型表现。

（二）南北斗纹做法的比较

南北建筑技术的差异和特色表现在诸多方面，其中截纹斗做法与顺纹斗做法的差异对比，是一颇具特色和内涵的表现。考察北方唐宋木作遗构，散斗顺纹做法是一普遍现象，几无例外。在可见斗纹的遗构中，从唐五代至宋辽金诸构，凡散斗皆为顺纹斗形式。金代建筑的源流虽较复杂，然考察金代遗构斗纹，散斗顺纹形式亦是不变的法则。散斗做法的南截北顺之别，其对比显著而分明。

北方斗纹做法，看似略有变化，实际上除偷心交互斗的朝向摆放的变化外，余皆完全统一。姑且以同一寺院的晋祠圣母殿与献殿二构为例，分析北方斗纹的变化现象。首先二例散斗皆为顺纹斗形式，这是北方唐宋以来散斗不变的做法[一]，二例的变化仅在里跳偷心交互斗的摆放上。

圣母殿型斗纹特点为：铺作里跳偷心处交互斗看似为截纹斗，实际上与外跳计心交互斗的摆放一致，只不过单槽而已。其斗的摆放规律为：所有斗皆以顺纹面朝向铺作的正面，截纹面朝向铺作的侧面。圣母殿型斗纹做法，着重于斗纹朝向的摆放意义，而当所有斗皆以顺纹面朝向正面时，单槽的偷心交互斗则自然成截纹斗形式，故此并非明确有意识的截纹斗概念[二]。

献殿型斗纹特点为：除所有十字槽斗的摆放以顺纹面朝向铺作正面外，所有单槽小

斗在加工制作上，也皆作顺纹斗形式。故其偷心交互斗以顺纹面朝向铺作侧面。相比较圣母殿型斗纹，献殿型斗纹形式强调单槽斗的顺纹加工，有明确加工意义上的顺纹斗概念（图5）。

归纳之，北方斗纹应基本统一，其少许变化主要表现在里跳偷心交互斗上，并可大致以圣母殿型与献殿型两类概括，且实例中圣母殿型似只是少数之例，北方斗纹多数为献殿型。进而可以推知，无论是圣母殿型，还是献殿型，宋代以来的北方工匠都无明确的截纹斗的意识和概念，这是与江南做法最大的区别。

实际上，除去十字槽斗的摆放形式外，南北斗纹加工做法的区别只在散斗上。散斗斗纹的特点，代表了工匠的斗纹意识，就唐宋以来的遗构来看，南北之分别明确而清晰。其差异简而言之，南截北顺。

三 斗纹形式的相关因素

（一）斗纹形式的技术因素

探讨截纹斗的成因，技术因素首先为人们所关注。其中树种材质应是一个重要的相关因素。根据南杉北松的地域用材特点，不同材质与构件加工方式之间，应有密切的关系。材质的软硬密实程度以及纹理特点，都直接影响构件加工制作的难易和效果。因此，材质纹理特点以及相应的开裂变形状况，应是斗的加工制作上选择截纹开槽或顺纹开槽的影响因素之一[三]。

截纹斗与顺纹斗的下料制作的思路完全

圣母殿下檐柱头铺作里跳

偷心单槽交互斗，截纹开槽

献殿柱头铺作里跳

偷心单槽交互斗，顺纹开槽

图5　晋祠圣母殿与献殿铺作斗纹比较

[一]　就目前所见北方遗构中，平顺回龙寺正殿内柱丁头拱跳头承槫的单斗支替，其斗为截纹斗。此外，敦煌莫高窟北魏251窟木作小斗为截纹斗，且斗型为散斗，甚具意义。

[二]　此处描述的圣母殿斗纹为圣母殿下檐的斗纹形式，里跳偷心处交互斗截纹面朝向铺作侧面。然圣母殿上檐里跳偷心处交互斗的摆放则与下檐相反，以顺纹面朝向铺作侧面，成顺纹斗形式，其做法与献殿型斗纹相同。圣母殿上下檐偷心处交互斗的斗纹差异的原因，值得探讨和追究。

77

不同。从批量制斗的规格化用材角度而言，如是顺纹斗的话，三种小斗可用统一的10×16份规格枋材扁作而成，相对简单便捷；如是截纹斗的话，则制斗的枋材规格不一，需以不同规格的枋材分别制作。如截纹散斗以10×14份枋材制作，截纹齐心斗以10×16份枋材制作。保国寺大殿的截纹小斗制作，应采用的是后一种方法，其制作相对复杂麻烦一些。故保国寺大殿也见斗的两用和替代，以减少斗型的变化及相应的加工制作[四]。

北方普遍的献殿型小斗的制作下料，理论上是可以采用同一规格的枋材扁作而成的，相对于南方截纹斗的制作，其用材规格化的程度较高。

（二）截纹斗的内涵与意义

江南截纹斗现象，技术因素的作用无疑十分重要，然似又并非完全由技术因素所决定。实际上，顺、截纹两种做法，在材质、加工等技术因素下，其难易和效果上虽会略有不同，但都是相当微弱和次要的，而不至于

[三]　根据工匠访谈，从加工制作的角度而言，杉木截纹斗，斗耳不易变形，且截纹斗易于斗口剔凿，因此，南方截纹斗的使用，或有其因应材料和加工技术的因素。

[四]　保国寺大殿斗型的替代，有两种情况，一是以散斗替代偷心交互斗，一是以交互斗替代正心处齐心斗。大殿这种不同斗型的替代做法，实际上即是一斗两用，目的在于减少斗型的变化及相应的加工制作，其中尤以散斗的两用最具意义。

非此即彼的程度。保国寺大殿单槽小斗上顺纹（交互斗）与截纹（散斗）并存的现象，也意味着并不能以单一的加工制作因素来解释。保国寺大殿所有单槽小斗皆为截纹斗形式，唯里外跳令拱下交互斗为顺纹斗形式，且这一特色，在武义延福寺大殿、景宁时思寺大殿等构件上也同样存在，是一有规律的斗纹现象。这说明顺、截纹斗做法除了加工因素之外，应还有进一层的意义。

实际上，在材料与加工技术上，斗的顺纹开槽与截纹开槽，大同小异，利弊互见，最终取决于选择。从技术的角度而言，斗的顺、截纹两种做法，应是两可的选择和随意的做法。然这种选择，似又与视觉效果和装饰因素并无直接的关系，因为无论何种斗纹，最终都将被表面油漆刷饰覆盖。

南方截纹斗做法上，除了材料、加工的技术因素外，推测应还包涵制作和施工上的工匠设计思维和意识，即斗纹与斗型的对应关系，作为一种形象的识别符号，在大量性斗构件的制作、拼装的施工过程中，起到构件分类、定位和摆放定向的作用。另一方面，斗的顺纹与截纹做法，作为工匠传统技法，依赖于匠师谱系而传承，从而也带有特定的形式意味。

四 《营造法式》的斗纹形式

（一）《法式》斗纹的地域特征

从地域技术因素及匠师谱系的角度而言，采集融汇南北技术的北宋官式《营造法式》的斗纹分析，具有特殊的意义。

《营造法式》齐心斗、散斗和交互斗这三个斗型的小斗，就规格化制作加工而言，本可以用统一的10×16份规格枋材扁作而成，并成顺纹斗形式，与北方普遍行用的献殿型做法相吻合。然通过《营造法式》相关制度的分析发现，《营造法式》在散斗做法上，恰弃北方通用的顺纹斗形式，而采用江南传统的截纹斗做法。关于上述这一推知认定，以下根据造斗之制的两条线索进行分析。

（二）《法式》截纹散斗分析

根据《营造法式》造斗制度分析，关于散斗的斗纹形式推定，主要有以下两条线索。

其一，从"横开口"看散斗的斗纹特点：

《营造法式》大木作制度的造斗之制规定，单槽交互斗与单槽齐心斗，皆"顺身开口，两耳"；而散斗则"横开口，两耳"[一]。也就是说，散斗的开槽方向，与单槽交互斗与单槽齐心斗不同，即一顺一横。其"顺身"应指顺斗身，"横"则指转90度方向。而制斗过程上的顺、横两向，最直观的标志就是木纹，也即顺纹方向与横纹方向。因此可以推知，单槽交互斗与单槽齐心斗应为顺纹开槽，散斗应为横纹（截纹）开槽。

古代锯作加工，根据锯路的纹理方向，分作直锯与横锯两种，即顺纹开解用直锯，横截切割用横锯。据此，《营造法式》制斗的"顺身开口"应指顺纹开槽，其单槽齐心斗和单槽交互斗为顺纹斗形式；"横开口"应指横纹开槽，其散斗为截纹斗形式。

关于直锯与横锯这一点，旧时实际上是一常识。鲁迅杂文中也有提及："譬如'纵断面'和'横断面'，解作'直切面'和'横切

面'，就容易懂；倘说就是'横锯面'和'直锯面'，那么连木匠学徒也明白了。"[二]

其二，从"以广为面"看散斗的斗纹特点：

根据《营造法式》大木作制度的造斗之制，齐心斗"其长与广皆十六分"，交互斗"其长十八分，广十六分"，而散斗"其长十六分，广十四分"，且"以广为面"[三]。十六份是《营造法式》三小斗侧向宽度的统一份值，故相对于散斗的"以广为面"，单槽齐心斗及交互斗则是"以长为面"的。

那么，斗之长、广所指为何？根据分析其并非长、短边之意，而是有方向所指。因为《营造法式》的栌斗及齐心斗虽为方斗，却有长、广之分：栌斗，"其长与广皆三十二分"，齐心斗，"其长与广皆十六分"，而角柱栌斗则直接用"方三十六分"表记。其原因在于柱头栌斗与齐心斗皆有"顺身开口，两耳"的可能，也即作为单槽栌斗与单槽齐心斗的可能，而在此情况下，方斗的单向开槽，就需有方向的规定，故以长、广区分斗之二维向度；而角栌斗因必是十字槽斗，在开槽加工上不存在区分方向的问题，故直接以"方三十六分"表记。而对于方斗加工上区分长、广两向，其最直观的依据只能是木纹的顺、横特征。

进一步分析《营造法式》构件的三向称谓，材之断面的两向谓之广、厚，材之顺纹向度谓之长。《营造法式》中所有构件的顺纹长度，皆以"长"表记。而斗的长、广之称，则与其下料制作的特点相关。一般小斗是以枋材扁作而成，材断面之广、厚，相应成为斗广、斗高，材之顺纹长向则成为斗长（图6）。因此可知，由枋材扁作的小斗长、广两向，是有其

[一]《营造法式》卷四《大木作制度一·造斗之制》；梁思成：《营造法式注释》（卷上），中国建筑工业版社，1983年版，第119页。

[二] 鲁迅：《花边文学·奇怪（二）》，人民文学出版社，2006年版。

[三] 同注[一]。

79

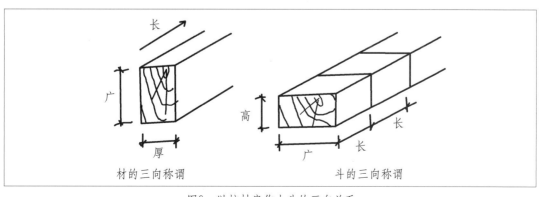

材的三向称谓　　　　　斗的三向称谓

图6　以枋材扁作小斗的三向关系

方向所指的，即广指斗之截纹面，长指斗之顺纹面。相应地，"以广为面"的散斗，即指以截纹面为看面的截纹斗形式。

上述造斗之制的两条线索，皆指向《营造法式》散斗为截纹斗的形式，而其齐心斗、交互斗则为顺纹斗的形式。《营造法式》斗纹形式与保国寺大殿基本相同，唯二者齐心斗略有不同，保国寺大殿令拱心上的齐心斗，也为截纹斗形式，而《营造法式》齐心斗则为顺纹斗形式。

江南直至元构天宁寺、延福寺及轩辕宫诸殿，齐心斗仍为截纹斗形式，一直保持着江南截纹齐心斗的传统不变。

《营造法式》的截纹斗特色，在构件加工制作的层面上，表露了其与江南地域技术的密切关联，《营造法式》在斗型与斗纹两个方面皆与保国寺大殿相同一致这一现象，令人想象其二者间的深刻关联性。

五 东亚斗纹做法的比较

（一）斗纹做法的东亚流播

伴随中国木构技术的传播，斗纹做法在东亚诸国亦表现出相应的特色，成为东亚木构技术源流关系中的一个相关细节。

斗纹的东亚线索，大致表现出如下的特色：即截纹斗现象为早期时代特色，后期遗构皆以顺纹斗为特征。日本学界以截纹斗作为早期样式特征之一[一]，其白凤时代遗构药师寺东塔（730年）及天平时代的法隆寺东院梦殿，即是日本少数截纹斗遗构之例。

药师寺东塔截纹斗的特点十分典型，且

与江南时思寺钟楼截纹斗做法其似。东塔不仅令拱两端的散斗为截纹斗，而且所有的单槽齐心斗和交互斗，也皆为截纹斗形式，甚至栌斗也以截纹为正向看面（图7）。法隆寺东院梦殿散斗，也作截纹斗的形式（图8）。日本自药师寺东塔及法隆寺梦殿之后，遗构

图7 奈良药师寺东塔截纹斗形式[二]（底层塔身斗拱）

图8 法隆寺东院梦殿的截纹散斗[三]

中再不见截纹斗做法，皆为顺纹斗形式。

朝鲜半岛不存早期木构建筑，所存较早者为高丽后期遗构，时代相当于中土南宋时期。朝鲜半岛现存遗构皆为顺纹斗形式，然根据统一新罗时代遗址的考古研究，发现雁鸭池宫殿遗址出土的斗拱遗迹有截纹斗做法，且截纹斗与顺纹斗并存[四]，其时代相当于中土盛唐时期。与日本类似，朝鲜半岛也表现出截纹斗的早期特色。

东亚斗纹现象，为认识中国本土斗纹做法提供了独特的参照和线索。

（二）斗纹做法的属性特征

从东亚整体的角度看待斗纹现象，日本与朝鲜半岛的截纹斗做法，到底表现的是祖型的地域特征，还是时代特征，是东亚斗纹现象分析的关键。然依仅存的少数史料，尚难于确认。根据中土莫高窟北魏251窟截纹斗，以及日本与朝鲜半岛截纹斗的遗存现象分析，截纹斗做法的时代倾向似较为显著，也即表现为斗纹的早期做法，而这一特点又与唐宋以后截纹斗显著的地域特色形成对比。

根据东亚建筑的源流和传播关系，朝鲜半岛的统一新罗时代建筑以及日本白凤时代建筑，其祖型都可明确为初唐至盛时期的长安官式建筑。依此线索分析，中土北方早期应也存有截纹斗做法，东亚日本和朝鲜半岛的截纹斗做法应表现的是祖型的时代特征。

日本中世从南宋江南地区传入禅宗样建筑。然现存日本禅宗样建筑皆为顺纹斗做法，这表明中世日本禅宗样建筑，虽以江南建筑为祖型，但在构件加工制作上，仍传承的是和样建筑的传统。日本奈良时代以后的和样以及中世禅宗样建筑弃用截纹斗做法，据日本学者分析，其重要的一个原因是为了追求斗看面的平整效果。

根据东亚截纹斗线索的综合分析，古制遗存现象应是江南宋代以后，仍普遍采用截纹斗做法的主要原因。截纹斗这一早期的时代特色，在江南地区以古制遗存的形式，转化为地域特征。截纹斗做法作为一种工匠传统，应早于唐宋时期，截纹斗做法的东亚传承，表明了这一点。

在本文结束前，顺代借斗纹线索，再讨论一下初祖庵大殿的"北构南相"现象[五]。所谓初祖庵大殿的"北构南相"现象，指其样式做法上的诸多南方因素。而本文分析的宋代斗纹做法"南截北顺"的属性特征，又为初祖庵大殿现象的分析，增加了一个新证据。考察发现初祖庵大殿现状散斗也存在着截纹斗做法，且老残旧斗表现为截纹散斗的形式，而新斗则

[一] 关于截纹斗，日本学界称作木口斗。

[二]《奈良六大寺大观》第六卷《药师寺》，岩波书店，1970年版。

[三] 浅野清：《法隆寺建筑的研究》，中央公论美术出版，1983年版，图版56。

[四] 张十庆：《北构南相——初祖庵大殿现象探析》，《建筑史》第22期，2006年8月。

81

[五] 雁鸭池遗址出土统一新罗时代官殿斗拱小斗残件三件，现藏于韩国首尔博物馆。然此截纹斗是否为散斗，尚无法判定。

图9 初祖庵大殿的截纹斗做法（檐柱斗拱）

大多为顺纹散斗的形式（图9）。这一现象表现了以下两方面的可能：其一，截纹斗是初祖庵大殿散斗的原初形式，后世工匠修缮替换时丢失和掩盖了这一历史信息；其二，初祖庵大殿截纹散斗的南方因素，应来自于《营造法式》。

斗纹做法的属性特征，成为认识建筑时代特征和技术源流的一个独特线索。

【保国寺大殿制材试析】^[一]

胡占芳·东南大学建筑学院 东南大学城市与建筑遗产保护教育部重点实验室

摘 要：笔者通过实地调研，观察记录保国寺大殿斗类构件、拱类构件的木心位置，将其归类整理并做进一步地统计分析，探析大殿营建之时工匠解割制材状况。同时，运用斗拱类名件木心提供的造作加工可能线索对大殿的解木方式、出材率进行探讨。

关键词：斗拱类构件木心 制材 解木 出材

[一] 本文系属国家自然科学基金子课题，项目批准号50978051。

保国寺大殿自祥符始建至今已近千年，是江南宋元遗构的重要实例，是北宋官式建筑技术与江南渊源深远的重要实物证据。大殿构材高度规格化，笔者通过对大殿最大量性的规格材（斗材、拱材）进行横断面木心状况统计分析，探寻当时制材规格化的实现方式。

一 大殿规格材木心统计分析

（一）斗拱构件木心统计方法

研究对象是保国寺大殿外檐铺作的斗类构件和拱类构件。斗拱类构件横断面木心状况的统计研究从两个层面展开。

第一个层面上，对于斗拱单个构件，将木心在构件断截面的位置概分为三种情况。这三种位置关系分别是心在中、心在边、心在外（图1）。心在中、心在边、心在外是三种基本类型。第二个层面是针对斗类构件、拱类构件具体对象的研究。在上述三种基本类型基础上，对木心与构件横断面的位置关系进一步细划，具体而言，"心在边"这一类型细化为边中、边角两种情况（表1）。边中、边角是解木方式不同而产生的结果，这种细划对解割制材研究有一定意义。大殿斗拱类构件木心状况统计记录与分析研究基本是建立在上述研究系统基础上的，实际操作过程中依据类型构件的具体特点，灵活地运用此统计分析方法。

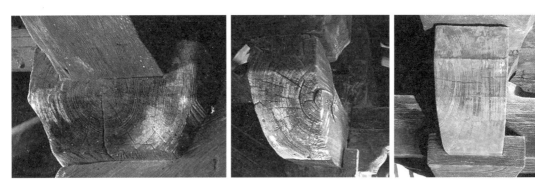

图1 木心在斗拱构件断截面中、边、外示意图（自左至右是中、边、外）

表1 大殿斗拱类构件木心位置类型统计与分析

木心位置类型			木心位置示意图[一]	斗类构件示意图	拱类构件示意图
心在边	心在角				
	心在边中	心在上、下中			
		心在左、右中			
	心在角与边中之间				
心在中					
心在外					

（二）大殿拱类构件木心统计

运用"斗拱构件木心统计方法"，对大殿外檐铺作拱类构件（包括纵向的华拱，横向的泥道拱、瓜子拱、慢拱和令拱）进行逐构件木心状况信息采集。在此基础上，对大殿拱类构件的木心信息进行归类梳理。经分析可知，大殿拱类构件木心状况大体归为三类，分别是心在中、心在边、心在外三种基本类型。其中，心在边又包括心在角、心在边中、心在角与边中之间三种情况（表1）。

以大殿拱类构件木心位置类型提供的可能线索，对大殿当时解割制材营造活动进行探究。"心在中"的拱材可由一根围径较小的木料通过一破为一的解木方式实现，亦可由一根大围径木料经一破为七的解木方式得到；"心在角"的拱材是由一根中等围径木料通过一破为四方式得到的；"心在上中或下中"的拱材很有可能是由一根较大围径木料经由一破为六的解木方式实现的；"心在左中或右中"的拱材可由一根较小围径的木料通过一破为二的制材方式实现；"心在角与边中之间"的拱材则由一根中等围径的木料经一破为三的解木方式得到；"心在外"[二]的拱材实现的解木方式较多，存在诸多可能性。

经由上述分析可知，大殿拱材由生材截割造作成熟材的加工过程中大体存有六种解木方式，分别是一破为一[三]、一破为二、一破为三、一破为四、一破为六、一破为七（表2）。

[一] 大殿外檐铺作斗拱类构件造作加工用到 10x14 分°（斗材）、10x15 分°（拱材）、10x16 分°（斗材）三种断面规格的规格料，这里姑且以 10x15 分° 拱材断面规格作为木心示意图的标准截面。

[二] 大殿拱类构件木心位置类型中"心在中"、"心在边"两种类型对解木方式研究的意义尤大，而"心在外"存在诸多可能性，由多种解木方式实现，"心在外"拱材往往是同"心在中"、"心在边"拱材组合加工而来。

[三] 通过对传统木作营造调研考察知，一根木料截割造作一拱材，从出材率角度来看不经济，工匠加工斗拱类构件往往不采用此种解材方式。也就是说，拱材造作加工中"一破为一"的解木方式不常用。

[四] 解木方式示意图仅仅是就解木作一说明，为了图示清晰将原木直径视作相等，实际造作中方木断面尺寸一致而原木围径不等，且都留有"锯路"、"刨口"余分。

表2 大殿外檐铺作斗拱类构件解木方式

木心位置类型	心在边				心在中	
	心在角	心在边中		心在角与边中之间		
		心在上、下中	心在左、右中			
解木方式[四]	一破为四	一破为六	一破为二	一破为三	一破为一	一破为七

注："心在外"的拱材解木方式存在多种可能性，往往是同"心在中"、"心在边"的拱材组合加工的。

以大殿拱类构件解割加工过程中可能存在的上述六种解木方式为前提，进一步分析大殿拱类构件加工时可能用到的熟材规格、原木直径和熟材出材率问题。

大殿拱类构件的断截面是标准材截面，其广厚为214×142.7毫米，即15×10分°，折合成当时尺制相对应的是0.70×0.47寸。现以解木方式是"一破为四"的熟材为例，考察此材的断面规格、所用原木的可能直径和熟材出材率问题。作熟材断面示意图2：

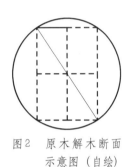

图2 原木解木断面示意图（自绘）

图2中所示，圆形代表原本的断面，矩形代表熟材方木的断面，十字虚线代表方木截割造作拱材时"一破为四"的解木形式。由图2可知，方木的断面尺寸是428×285.4毫米，折合1.40×0.93尺；进一步计算矩形对应的外切圆直径，此乃所用原木（生材）的直径[一]，经计算知圆木的断面直径是514.39毫米合1.68尺；在此基础上，进一步考察原木的出材率，经计算，出材率是58.79%。同法，对大殿拱类构件解割加工过程中的另五种解木方式"一破为一"、"一破为二"、"一破为三"、"一破为六"、"一破为七"所对应的熟材断面规格、所用原木可能直径和熟材出材率进行计算分析，兹列表3。

（三）大殿小斗构件木心统计

大殿小斗构件木心状况分析研究方法与拱类构件相同，亦是运用"斗拱构件木心统计方法"。对大殿外檐铺作小斗体系斗类构件（散斗、齐心斗和交互斗）进行逐构件木

表3 大殿拱类构件木心位置类型统计与分析

木心位置类型			解木方式	熟材断面规格（毫米）	熟材断面规格（尺）	原木直径（毫米）	原木直径（尺）	出材率
	心在角		一破为四	428×285.4	1.40×0.93	514.39	1.68	58.79%
心在边	心在边中	心在上、下中	一破为六	428×428	1.40×1.40	605.28	1.98	63.69%
		心在左、右中	一破为二	356.7×285.4	0.70×0.93	356.67	1.17	61.15%
	心在角与边中之间		一破为三	356.7×285.4	1.17×0.93	456.80	1.49	62.14%
心在中			一破为一	214×142.7	0.70×0.47	257.19	0.84	58.79%
			一破为七	499.4×428	1.63×1.40	657.75	2.15	62.94%

86

心信息采集。经归纳分析知，大殿小斗体系木心状况与拱类构件相类，亦是为心在边、心在中、心在外三种基本类型，同时，"心在边"这一类型包括了心在角、心在边中、心在边中与角之间三种情况。大殿外檐铺作小斗体系构件木心位置类型归纳总结如表1。

通过大殿外檐铺作小斗构件木心位置类型提供的可能线索，推析大殿斗材造作加工过程中可能存在的解木方式。经研究分析知，斗材由熟材解割加工时的解木方式与拱材相同，即一破为一、一破为二、一破为三、一破为四、一破为六、一破为七。大殿外檐铺作小斗构件解木方式推析具体示意图可参见上文表2。

在大殿小斗构件截割造作中可能存在的上述六种解木方式基础上，进一步推析小斗构件加工用到的熟材规格、原木直径和熟材出材率问题。

大殿小斗体系的木心表征、解木方式与拱类构件皆相类，唯小斗体系用材断面与拱材略有差别。大殿外檐铺作的小斗构件由两种斗材加工而成，斗材断面广厚分别是228.32×142.7毫米、199.78×142.7毫米，即16×10分°、14×10分°，折合成当时尺制相对应的是0.75×0.47寸、0.65×0.47寸。16×10分°的斗材用于加工交互斗和齐心斗，14×10分°的斗材适于散斗构件。鉴于此，对大殿小斗体系构件加工时所用的熟材规格、原木直径和熟材出材率问题按两种规格斗材16×10分°、14×10分°分别进行推析。具体分析研究方法同"大殿拱类构件木心统计"中拱类构件加工时所用熟材规格、原木直径和熟材出材率的推析方法。现将对大殿小斗体系构件推析结果分别列表4、表5。

（四）大殿栌斗构件木心统计

栌斗隶属大斗体系，表征是构件个体大、数量少。大殿外檐铺作栌斗构件有圆栌斗、讹角斗两种形式[二]。运用"斗拱构件木心统计方法"，对外檐铺作栌斗构件进行逐构件信息采集，共获取30只栌斗构件木心信息。经归纳分析知，栌斗构件木心状况分为两类，即心在边、心在中。其中，"心在中"类型占绝大多数；"心在边"数量少，唯有一例"心在上中"。

鉴于栌斗构件的独特性，有针对性地对大殿栌斗构件木心位置类型进行分析研究，经推析知，栌斗构件造作加工的解木方式与拱类构件、小斗构件略有差异，栌斗构件加工中存有两种解木方式，分别是一破为一、一破为二。也就是说，多数栌斗构件（即"心在中"型）是由一根

[一] 这是一种理想化计算，实际圆木截面并不是正圆，任何圆木都有收分、曲直、凹凸、节疤、裂缝等等。

87

[二] 柱头栌斗是圆栌斗、补间栌斗是长方形的讹角斗。

表4　小斗构件（交互斗和齐心斗）木心位置类型统计与分析

			解木方式	熟材断面规格（毫米）	熟材断面规格（尺）	原木直径（毫米）	原木直径（尺）	出材率
心在边	心在角		一破为四	456.64×285.4	1.49×0.93	538.49	1.76	58.79%
	心在边中	心在上、下中	一破为六	456.64×428.1	1.49×1.40	625.93	2.05	63.56%
		心在左、右中	一破为二	228.32×285.4	0.75×0.93	365.49	1.20	62.14%
	心在角与边中之间		一破为三	371.02×285.4	1.21×0.93	468.09	1.53	61.56%
心在中			一破为一	228.32×142.7	0.75×0.47	269.25	0.88	57.25%
			一破为七	513.72×456.64	1.68×1.49	687.33	2.25	63.25%

表5　小斗构件（散斗）木心位置类型统计与分析

			解木方式	熟材断面规格（毫米）	熟材断面规格（尺）	原木直径（毫米）	原木直径（尺）	出材率
心在边	心在角		一破为四	399.56×285.4	1.31×0.93	491.02	1.61	60.25%
	心在边中	心在上、下中	一破为六	399.56×428.1	1.31×1.40	585.59	1.92	63.54%
		心在左、右中	一破为二	199.78×285.4	0.65×0.93	348.38	1.14	59.85%
	心在角与边中之间		一破为三	342.48×285.4	1.12×0.93	445.81	1.46	62.65%
心在中			一破为一	199.78×142.7	0.65×0.47	245.51	0.80	60.25%
			一破为七	485.18×399.56	1.59×1.31	628.53	2.06	62.51%

中等规格的枋料直接解割而来，少量栌斗构件（"心在边"型）由一根围径较大的枋材经对解而来。

在大殿栌斗构件解木方式基础上，推析栌斗构件加工时可能用到的熟材规格、原木直径和熟材出材率问题。具体分析研究方法同"大殿拱类构件木心统计"中拱类构件加工时所用熟材规格、原木直径和熟材出材率的推析方法。经测绘求均值知，大殿补间栌斗的断面高宽比是1.8∶3.2，断面尺寸是263×451毫米，合18.4×32分°。也就是说，加工栌斗构件所需枋材的断面尺寸至少是263×451毫米，折合0.86×1.48尺。现将对大殿栌斗构件推析结果列表6。

表6　栌斗构件木心位置类型统计与分析

木心位置	解木方式	熟材断面规格（毫米）	熟材断面规格（尺）	原木直径（毫米）	原木直径（尺）	出材率
心在中	一破为一	263×451	0.86×1.48	527.61	1.73	55.05%
心在边	一破为二	526×451	1.72×1.48	696.95	2.28	63.08%

二　大殿解材

解材是营造工序中合理用材的关要环节。在上述大殿拱类构件、斗类构件木心状况统计分析的基础上，运用斗拱类名件木心信息提供的可能营造线索对大殿规格材的解木方式、熟材规格及用料状况等相关问题进行探讨。

（一）大殿解木方式分析

在解割生材造作熟材过程中，"合用"是最重要原则之一。工匠解割制材既须考虑充分利用原木，又要照应建筑名件尺寸。观《法式》，其宗义是熟材造作须"依仿制度"，正谓"据合用造熟材[一]"。工匠往往通过"划线下锯，套材下料"来实现名件合用前提下的"就材充用"。总的来说，解木是以材植利用为条件，以名件合用为目标。

建筑名件是由熟材造作加工而来。通过斗类构件、拱类构件木心信息提供的营造线索研究分析知，大殿斗拱类构件造作加工中可能存在的解木方式有六种，即一破为一、一破为二、一破为三、一破为四、一破为六、一破为七。大殿解木方式示意图参见表2。

[一]《宋会要辑稿》礼二四之七二《徽宗营造明堂》。

北海古建筑设计修缮有限公司的朱荣福老师傅讲到斗拱类构件可由单根熟材方料直接加工，即一破为一的解木方式；亦可以两破、三破、四破、五破、六破、八破。木工师傅所说的这些解割制材方式应是当代传统木构营造中常用方式。上文对大殿当时熟材加工斗拱类名件的解木方式推测与朱师傅所提及的破木方式基本吻合，同时也与枕木下锯的组合方式相类，由此看来，在大殿营造表象提供的制材加工线索上进行的解木方式逻辑推测是合理的。

（二）大殿熟材规格分析

大殿外檐铺作斗拱类构件造作加工时需四种断面规格的构件材，即斗材三种，拱材一种。出于经济性和出材率的考虑，实际造作加工中不是只选用四种规格的熟材，更多是构造材组合开料。那么，大殿当时造作构件材的熟材规格约有几种，与《法式》大木作料例中的熟材方木有怎样的关联性。《法式》大木作料例条文列举了14种木料形式，属三种类型：方木、柱料和小方木[一]。现将条文中有关12种方木的断面规格初步整理，列表7。

在前文"大殿规格材木心统计分析"的基础上，现将大殿可能存在的熟材规格汇总、梳理分析，且与《法式》大木作料例中的熟材方木比照，兹列表8。表中直观显示了大殿工料体系中可能存在的熟材当属于长方、松方、小松方、常使方、官样方、截头方、常使方八方、方八子方等八种规格方木之列。

总观大殿外檐铺作斗拱类构件加工所用

熟材规格一览表，表中信息蕴含了大殿营造制材两方面的内容，一是斗拱类名件造作加工可能用到的熟材有长方、松方、小松方、常使方、官样方、截头方、常使方八方、方八子方；一是大殿营造之时用大料方木如长方、松方来解割斗材、拱材，即制材造作采用了"破大为小"的加工方式。比对分析，表中信息反映大殿加工斗拱类构件的熟材多隶属于小方木之列，长方、松方所占数量相对较少。大殿斗拱类构件用料多是《法式》

表7　《法式》料例中方木断面尺寸

	方木之广（尺）	方木之厚（尺）
大料模方	3.5～2.5	2.5～2
广厚方	3～2	3～1.8
长方	2～1.5	1.5～1.2
松方	2～1.4	1.2～0.9
朴柱	径3.5～2.5	\
松柱	径2～1.5	\
小松方	1.3～1.2	0.9～0.8
常使方	1.2～0.8	0.7～0.4
官样方	1.2～0.9	0.7～0.4
截头方	1.3～1.1	0.9～0.75
材子方	1.2～1	0.8～0.6
方八方	1.1～0.9	0.6～0.4
常使方八方	0.8～0.6	0.5～0.4
方八子方	0.7～0.5	0.5～0.4

大木作料例中小方木充建筑斗栱枋类名件之用的重要实例线索。

（三）大殿当时用料推测

我国森林经过长期采伐，到北宋中叶破坏就已经极为严重。这在多处文献中被提及和载录。乔迅翔在博士论文《宋代建筑营造技术基础研究》中论及大中祥符年间，因木材用度不足，竹木务收集木植方式发生变化，不足部分采用"置场按市价和买"；论文中并提及，大中祥符七年缺木"十八万九千二百余条"，三司令竹木务"许客旅依时估入中，每贯加饶钱八十文，给与新例茶交引[二]"。《梦溪笔谈》中亦载有"今齐鲁间松林尽矣，渐至太行、京西、江南，松木太半皆童矣[三]"。

大殿营建之时木材已较贫乏，大材不易得，大径木料日益精贵。在这样的社会背景下，大殿工料体系下备料状况如何？在前文"大殿规格材木心信息、大殿解木方式及熟材规格"分析研究基础上，汇总大殿斗栱类构件造作加工时可能用到的原木直径如表8。总观表中信息，造作斗栱类构件所用木料直径范围大致是245.51毫米～696.95毫米，折合0.8～2.28尺。大殿当时加工斗栱类构件可能用到的最大木直径约是696.95毫米，此等木料已属大径之料。观大殿斗栱体系的工料状况[四]可知，大殿当时应不缺大径木料。此外，构件体系中名件用料最大者当属柱子，大殿四内柱直径约600毫米，这亦印证了不缺大径木料之说[五]。

三 大殿出材率

出材率[六]是衡量解木制材的一个重要经济指标，在前文"大殿规格材木心统计、大殿解木方式及熟材规格"分析研究基础上，将解割造作斗栱类构件可能存在的出材率汇总列表9。表中信息显示，大殿解割斗栱类构件的熟材出材率范围是55.05%～63.69%，集中在60%附近，上下波动。

有关《法式》中熟材的出材率，乔迅翔在其博士论文《宋代建筑营造技术基础研究》中推出"对于梁栿料例的极大和极小断面，其出材率的平均值约为0.6"（表10）。大殿斗栱类构件出材率与《法式》比照，甚为接近，基本保持在0.6，围绕0.6上下波动。这一现象反映了两方面问题，一是，大殿时代的出材率与《法式》时代的出材率基本相衡；一是，大殿以其营造实践中存在的可能出材率证实了《法式》文献中记载的大木营作制材出材率，为《法式》研究提供了重要线索和实物参照。此外，上文所言

[一] 小方木，《法式》"大木作料例"无此名，借鉴乔迅翔博士论文《宋代建筑营造技术基础研究》中此说法，姑且指代八种小尺度料例的统称。

[二]《宋会要辑稿》食货三六之一四。

[三] [宋]沈括：《梦溪笔谈》卷二四。

[四] 斗栱体系工料状况是营造备料的一条重要线索，为探寻大殿营建之时所用原木直径提供关要线索。梁栿用材亦可提供线索，然受限于实际条件，暂不能对梁栿用材作出判断，待大殿落架维修时获取这方面信息。

[五] 大殿是木材贫乏之社会背景下用料相对富足的个案，这与大殿规模形制、寺院经济等因素有关。

[六] 现代制材学上将锯出的锯材材积与所耗用的原木材积的百分比称为出材率。笔者在此的讨论是建立在传统定性认识上，即将出材率视为二维的方木截面积与原木截面积之比，不是三维概念上体积之比。

表8　大殿外檐铺作斗拱类构件加工所用熟材规格、原木直径推析一览表

构件名称		解木方式	熟材断面广厚公制（毫米）	熟材断面广厚折合尺制（尺）	与《法式》料例中可能吻合的方木	原木直径（毫米）	原木直径（尺）
拱类构件		一破为四	428×285.4	1.40×0.93	松方	514.39	1.68
		一破为六	428×428	1.40×1.40	长方	605.28	1.98
		一破为二	356.7×285.4	0.70×0.93	常使方或官样方	356.67	1.17
		一破为三	356.7×285.4	1.17×0.93	截头方	456.80	1.49
		一破为一	214×142.7	0.70×0.47	方八子方	257.19	0.84
		一破为七	499.4×428	1.63×1.40	长方	657.75	2.15
小斗构件	散斗	一破为四	399.56×285.4	1.31×0.93	小松方或截头方	491.02	1.61
		一破为六	399.56×428.1	1.31×1.40	松方	585.59	1.92
		一破为二	199.78×285.4	0.65×0.93	常使方或官样方	348.38	1.14
		一破为三	342.48×285.4	1.12×0.93	截头方	445.81	1.46
		一破为一	199.78×142.7	0.65×0.47	方八子方	245.51	0.80
		一破为七	485.18×399.56	1.59×1.31	长方	628.53	2.06
	交互斗和齐心斗	一破为四	456.64×285.4	1.49×0.93	松方	538.49	1.76
		一破为六	456.64×428.1	1.49×1.40	长方	625.93	2.05
		一破为二	228.32×285.4	0.75×0.93	常使方或官样方	365.49	1.20
		一破为三	371.02×285.4	1.21×0.93	小松方或截头方	468.09	1.53
		一破为一	228.32×142.7	0.75×0.47	常使方八方	269.25	0.88
		一破为七	513.72×456.64	1.68×1.49	长方	687.33	2.25
大斗构件	补间栌斗［一］	一破为一	263×451	0.86×1.48	松方	527.61	1.73
		一破为二	526×451	1.72×1.48	长方	696.95	2.28

表9　大殿解割斗拱类构件的熟材的出材率一览表

构件名称		解木方式	出材率
拱类构件		一破为四	58.79%
		一破为六	63.69%
		一破为二	61.15%
		一破为三	62.14%
		一破为一	58.79%
		一破为七	62.94%
小斗构件	散斗	一破为四	60.25%
		一破为六	63.54%
		一破为二	59.85%
		一破为三	62.65%
小斗构件	散斗	一破为一	60.25%
		一破为七	62.51%
小斗构件	交互斗、齐心斗	一破为四	58.79%
		一破为六	63.56%
		一破为二	62.14%
		一破为三	61.56%
		一破为一	57.25%
		一破为七	63.25%
大斗构件	补间栌斗	一破为一	55.05%
		一破为二	63.08%

[一] 柱头栌斗为圆栌斗,未在统计之列。

[二] 引自:乔迅翔博士论文《宋代建筑营造技术基础研究》,第169页。

表10　《法式》梁栿料例出材率 [二]

梁栿名称		大料模方		广厚方		长方		松方	
断面	广（尺）	3.5～2.5		3～2		2～1.5		2～1.4	
	厚（尺）	2.5～2		3～1.8		1.5～1.2		1.2～0.9	
极值原木径（尺）		3.2	4.3	2.7	3.6	1.92	2.5	1.75	2.5
出材率		0.62	0.60	0.633	0.588	0.612	0.611	0.5625	0.611

出材率与清《则例》[一]相比，低出甚多。宋代出材率[二]低除与当时社会造作加工技术水平紧密相关外，亦可能缘于追求解割制材"合用"的造作目标，即强调遵从名件断面2/3的比例。

四 结 论

大殿构材高度规格化。在使用框锯的前提下，据斗拱类构件木心状况提供的营造线索，对构件从原木到规格化制材阶段的一系列问题进行推析。大殿营建造作加工情况如下：

大殿斗拱类构件造作加工大体存有一破为一、一破为二、一破为三、一破为四、一破为六、一破为七等六种常用解木方式。大殿斗拱类名件造作加工可能用到的熟材方木有长方、松方、小松方、常使方、官样方、截头方、常使方八方、方八子方；大殿营造加工用到了大料方木来解割斗拱类枋材，即采用了"破大为小"的加工方式。大殿营建之时虽处木料紧缺、大料不易得的社会背景下，然大殿用料相对还比较富余。

本文从大殿斗拱类构件横断面木心信息提供的线索出发，初步探讨当时工匠营造制材状况。笔者希望通过本文引起建筑史研究者对古建筑构件中木心信息这一线索的关注，从某种意义上来说，这正是本文的价值所在。

[一] 《则例》中有专门的出材率折算公式，随构件规格大小要求略有不同，最小者有0.7，最大者达0.8。

[二] 影响出材率的因素是多方面的，除了木材本身因素外，合理下锯是一重要因素。合理下锯可提高出材率，传统工艺中常见的下锯法有"一边挤"、"中间抽板下锯"、"三面下锯法"、"四面下锯法"等。下锯前的划线设计下锯线路图对提高出材率亦很重要，即所谓的"划线下锯，套材下料"工艺。

参考文献

[一] 梁思成：《梁思成全集》（第七卷）[M]，中国建筑工业出版社，2001年版。

[二] 潘谷西：《＜营造法式＞初探（二）》[J]，《南京工学院学报》，1981年第2期。

[三] 张十庆：《建筑技术史中的木工道具研究——兼记日本大工道具馆》[J]，《古建园林技术》，1997年第1期。

[四] 张十庆：《古代营建技术中的"样"、"造"、"作"》[J]，《建筑史论文集》2002年第15期。

[五] 乔迅翔：《宋代建筑营造技术基础研究》[D]，东南大学，2005年。

【保国寺大殿举屋制度再探讨】

喻梦哲·东南大学建筑研究所

摘　要：《营造法式》举折之制与《工程做法》举架之制历来被视为时代性的差异，但考察以保国寺大殿为代表的江浙宋元木构，不难发现这一认识存在疑点——举架与举折做法更可能是同时并存的两条技术线索，江浙地区早在保国寺大殿的时代便已采用类似举架的做法，并在元明以后发展成熟，最终通过南匠入京成为惯例，影响到全国官式建筑的屋面设计。

关键词：举架　举折　地域性　时代性

关于我国传统建筑反曲屋面构成机制的研究，历来围绕"举折"和"举架"两个关键词展开，并因二者分别见载于《营造法式》与《工程做法》两部官书，而存在着将这两条技术路线视作时代差异的一般认知。

学界关于举屋制度的探讨，多着力于以下四个方面：其一是将文献转换为算式，以求归纳屋顶折度的设计规律；其二是通过对大量遗构的整理排比，寻求屋面设计的区域与时代特征，勾勒其发展演变的一般历程；其三系借用文化人类学的观点，通过间接实物形象，溯源反曲屋面形成的历史渊源；其四则站在纯技术史的立场，借助案例研究，尝试演绎《营造法式》记载未详之处。

由于木构建筑特殊的损毁规律，导致其屋架部分更换率一般较高，数据的采集量和可信度皆受到影响。近年来随着三维扫描技术在古建筑测绘中的普及，涉及举屋制度的个案探讨也逐渐增多，为相关研究的推进提供了一个难得机遇。

在此，以保国寺大殿三维扫描数据为主，讨论举架、举折两种屋面设计方法的相互关系，并对"宋式建筑用举折法、明清建筑用举架法"的一般认识作出反思。

一　保国寺大殿屋架部分三维扫描数据

近年来针对保国寺大殿开展过三次三维激光扫描测绘工作，侧重点各不相同。清华大学建筑学院2006年的成果已由刘畅教授以专题论文形式发表于《中国建筑史论汇刊》第一辑；同济大学2005年的成果则主要用于大殿保护规划的编制及实时监测工程的落实；本文采用数据来自东南大学建筑研究所张十庆教授2010年主持的最新一期测绘作业。

本次扫描使用仪器为徕卡HDS6100，过程中针对大殿布设52个站点，其中殿外15站，殿内地面17站，草架内20站。拼合建模后，分别于心间和两个次间的中点处做切片，将点云文件导入cyclone软件并拟合成闭合图形，绘制现状剖面，再于其上量取所需数据。

由于构件的相互遮挡，无法直接获得各槫实际背高，又由于槫子实际上并非纯然的圆形截面，而是上加金盘、下贴连机，至梢头并贴生头木，且槫子本身大小头亦导致相当的标高变化，因此理想的槫子背高数据与实际情况存在一定差值，只能通过做多个切片互相验校，取平均以尽量减少误差。

表1　各缝槫位相关数据：（单位毫米，数值算自拟合后槫子心）

切片位置	具体步架	架深	举高	各架举度	各道槫子标高（底皮）
心间（中缝西看）	前脊步（脊槫到南侧上平槫缝）	2165	1898	0.88	脊槫：11206
	前上金步（南上平槫到南中平槫缝）	1633	1205	0.74	前上平槫：9330
	前下金步（南中平槫到南下平槫缝）	1348	951	0.71	后上平槫：9287
	前檐步（南下平槫到南檐槫缝）	1672	759	0.45	前中平槫：8097
	前挑檐（南檐槫到南撩檐枋缝）	1606	861	0.54	后中平槫：8138
	后脊步（脊槫到北侧上平槫缝）	2078	1898	0.91	前下平槫：7179
	后上金步（北上平槫到北中平槫缝）	1577	1145	0.73	后下平槫：7187
	后下金步（北中平槫到北下平槫缝）	1462	901	0.62	前檐槫：6412
	后檐步（北下平槫到北檐槫缝）	1557	743	0.48	后檐槫：6405
	后挑檐（北檐槫到北撩檐枋缝）	1659	733	0.44	前撩檐枋：5559
					后撩檐枋：5493
	前檐总深：8424；后檐总深：8292；总进深：16716；总举高：5760；总举度：0.34				

切片位置	具体步架	架深	举高	各架举度	各道槫子标高（底皮）
西次间（中缝东看）	前脊步（脊槫到南侧上平槫缝）	2196	1897	0.86	脊槫：11203
	前上金步（南上平槫到南中平槫缝）	1592	1208	0.76	前上平槫：9294
	前下金步（南中平槫到南下平槫缝）	1425	972	0.68	后上平槫：9283
	前檐步（南下平槫到南檐槫缝）	1603	726	0.45	前中平槫：8067
	前挑檐（南檐槫到南撩檐枋缝）	1604	959	0.60	后中平槫：8188
	后脊步（脊槫到北侧上平槫缝）	2073	1917	0.92	前下平槫：7179
	后上金步（北上平槫到北中平槫缝）	1583	1067	0.67	后下平槫：7207
	后下金步（北中平槫到北下平槫缝）	1460	996	0.68	前檐槫：6460
	后檐步（北下平槫到北檐槫缝）	1505	770	0.51	后檐槫：6414
	后挑檐（北檐槫到北撩檐枋缝）	未及	未及	未及	前撩檐枋：5496
					后撩檐枋：未及
	前檐总深：8375；后檐总深：未及；总进深：未及；总举高：5.729；总举度：未及				
东次间（中缝西看）	前脊步（脊槫到南侧上平槫缝）	2110	1874	0.89	脊槫：11174
	前上金步（南上平槫到南中平槫缝）	1644	1105	0.67	前上平槫：9288
	前下金步（南中平槫到南下平槫缝）	1371	948	0.69	后上平槫：9172
	前檐步（南下平槫到南檐槫缝）	1630	726	0.45	前中平槫：8199
	前挑檐（南檐槫到南撩檐枋缝）	1693	950	0.56	后中平槫：7956
	后脊步（脊槫到北侧上平槫缝）	2084	1999	0.96	前下平槫：7242
	后上金步（北上平槫到北中平槫缝）	1533	1207	0.79	后下平槫：7109
	后下金步（北中平槫到北下平槫缝）	1467	756	0.52	前檐槫：6490
	后檐步（北下平槫到北檐槫缝）	1556	829	0.53	后檐槫：6414
	后挑檐（北檐槫到北撩檐枋缝）	1664	741	0.45	前撩檐枋：5609
					后撩檐枋：5545
	前檐总深：8418；后檐总深：8304；总进深：16722；总举高：5872；总举度：0.35				

据表1，得到各槫标高数据三到六个，取平均为：檐槫背高6.433米、下平槫背高7.184米、中平槫背高8.109米、上平槫背高9.276米、脊槫背高11.194米。

架深数据三十九个，按前后坡对称原则，求得各架椽平长均值：檐步1.587米、下金步1.422米、上金步1.594米、脊步2.118米。

按上述架深、架高均值，算得各架斜率分别为：檐步0.473、下金步0.651、上金步0.732、脊步0.906。

若按各缝架单独计算斜率，再求其平均，则分别为：檐步0.478、下金步0.65、上金步0.726、脊步0.903。

两组均值的吻合度分别达到98.95%（檐步）、99.85%（下金步）、99.46%（上金步）、99.67%（脊步）。

综上所述，保国寺大殿各架斜率均值大致是0.47、0.65、0.73、0.91，调整后归整为0.5、0.65、0.75、0.9。

表2 保国寺大殿各架举度均值

切片位置	第一举		第二举		第三举		第四举	
	第一架前檐步	第八架后檐步	第二架前下金步	第七架后下金步	第三架前上金步	第六架后上金步	第四架前脊步	第五架后脊步
心间	0.45	0.48	0.71	0.62	0.74	0.73	0.88	0.91
西次间	0.45	0.51	0.68	0.68	0.76	0.67	0.86	0.92
东次间	0.45	0.53	0.69	0.52	0.67	0.79	0.89	0.96
均值	0.45	0.51	0.69	0.61	0.72	0.73	0.88	0.93
合并值	0.47		0.65		0.73		0.91	
调整值	0.5		0.65		0.75		0.9	

二 保国寺大殿屋架数据原真性评价

考察保国寺大殿的屋面坡度构成，首先必须评估相关数据反映原始设计值的可靠性，依其程度不同而赋予不同权重。以下通过构造关系，分别考察各缝槫子发生位移的可能性、变形幅度，及相应的制约因子，以期对实测数据中的可变值与恒定值作出判定。

檐槫：按《营造法式》图样并无檐槫，在此姑且以其位置命名。檐槫位于铺作正心缝上，相对扭偏脱位较少。其高度由柱头枋上所叉蜀柱决定，从藻井上部各蜀柱摆放方向散乱随意可知，这部分构件在历代修缮中应受过较大扰动。但与此同时，蜀柱高度并非可以任意增减，因头停椽尾部搭接于下平槫背，下平槫需让过三座斗八藻井，标高下限明确；撩檐枋下皮固定，枋子高度按《法式》规定以两材为准。这样头停椽两端点确定，作为中间支点的檐槫应当无法产生较大异动。

下平槫：前檐下平槫高度受藻井影响，标高下限明确；后檐下平槫同样受铺作昂后尾及其上一材两栔限制。下平槫的标高上限则受制于头停椽——头停椽前端（撩檐枋背）与中段（檐槫背）固定，因之其后尾高度也无法有大的调整。两山下平槫与前后檐兜圈，在确信外檐铺作纯度较高的前提下，该层槫子的现状位置应该是比较接近原始设计意图的。

中平槫：从梁栿方面考虑，后坡中平槫高度下限以不与中三椽栿梁首背部相犯为则，就现状论，其向下调节余地大致尚有270毫米；但另一方面，遗存的承椽串上皮位置已达中平槫现高度，如果中平槫下移，则必然打断承椽串，因此从承椽串存在的角度出发，可以认为中平槫已无向下移位可能。

上平槫：中三椽栿高度受到包括后檐昂后尾、内柱头间照壁等因素控制，较原状发生改变的可能性不大。平梁与中三椽栿间的可调节量大致只有140毫米（驼峰高），上平槫下皮与平梁栿项背部相差60毫米，其间以替木承托。在撤除替木与驼峰的极限情况下，上平槫标高至多较现状可以下降200毫米。平梁前段过前内柱缝上照壁，受其材栔控制，故上平槫高度的浮动范围只能随替木之取舍与否变化。由此可知，上平槫位置受到诸多因素制约，比较可信，由它带动，中平槫标高上限也不会较现状有大的改变，否则屋面折线可能产生反凸。

脊槫：脊槫高度由蜀柱及其上襻间、替木决定。由于四缝梁架的蜀柱样式及其上襻间形态各不相同，显系经过多次重修所致，这里是否仍存在宋初原构，以及其构件位置是否发生了改易，都没有可靠参照物，故此脊槫的原始标高最难确定。

综上而论，保国寺大殿除了脊步存在较大的变化可能外，其余各步的现状值应当基本忠实地反映了其原初值，可以据之作为工匠关于屋架部分设计意识的实证材料。

三　按举折法算出的保国寺大殿屋面折线

筒瓦厅堂总高按总深四分举起一分后，再通以四分所得丈尺、每一尺加八分，故此$H_{筒瓦厅堂}=1/4L_总+8/100L_总$。保国寺大殿现状前后撩檐枋心距$L_总=16.722$米，以撩檐枋背为±0.00，得脊槫背高$H_总=16722\times$

（0.25+0.08）=5.518米。按第一折下折1/10H$_{总}$，作图得上平槫背标高3.568米；第二折下折1/20H$_{总}$，作图得中平槫背标高2.381米；第三折下折1/40H$_{总}$，作图得下平槫背标高1.522米；第四折下折1/80H$_{总}$，作图得檐槫背标高0.704米。如此，则自下而上各架的斜率分别为：0.47、0.60、0.74、0.92。这套数据从绝对值上看更加接近明清官式的"五举打头、以上六举、七五举直至九举封顶"的习用数字，考虑到椽架数据的紊乱应是受到

变形扰动所致，有必要首先对架深数据加以复原。

按调整后的椽长配置（5-5-5-7-7-5-5-5尺），总进深L$_{总}$=44尺+11尺（铺作外跳长合5.5尺）即55尺。考虑到保国寺大殿整数尺制的特色，分别以推定营造尺长30.57厘米校验现状各槫标高后发现，各槫标高及槫间高差似乎皆存在着依整尺取值的可能，而举高、步深同时合乎整尺，显然是由类似举架做法导致的。推算槫高数据及其尺度构成见表3：

表3　保国寺大殿实际槫位高度及其尺度递变规律

槫位	实测均值	推算值			
		合营造尺	吻合率	递变量	各步斜率
檐槫背高	6.433米	21.0尺	99.79%		
下平槫背高	7.184米	23.5尺	99.99%	2.5尺	5举
中平槫背高	8.109米	26.5尺	99.90%	3.0尺	6举
上平槫背高	9.276米	30.5尺	99.50%	4.0尺	8举
脊槫背高	11.194米	36.5尺	99.68%	6.5尺	9.3举

举折与举架这两种屋架作法的主要差异或可归纳为：举折的尺度关系是通过几何作图方法"画宫于堵"得来的，而举架的尺度关系则是通过数字比例方法算来的。举架法体现了古代以算求样、几何问题代数化的设计传统。

保国寺大殿在对椽平长进行复原归并的前提下，求出的斜率数据反而更加接近举架法的一般取值，这似乎不应简单地被视作一个巧合。考虑到大殿竖向构成中扩大模数的大量采用（两种椽长5尺、7尺被应用于包括檐柱高、铺作高、照壁高、内柱高、槫间高差等多项竖向指标中），或许不难联想到大殿屋架的尺度构成同样遵循整数尺制的可能。如果这一猜想成立，则大殿的屋架组成规律毫无疑问地指向了举架式逻辑，即以整数尺步架长、整数斜率求得整数尺步架高。

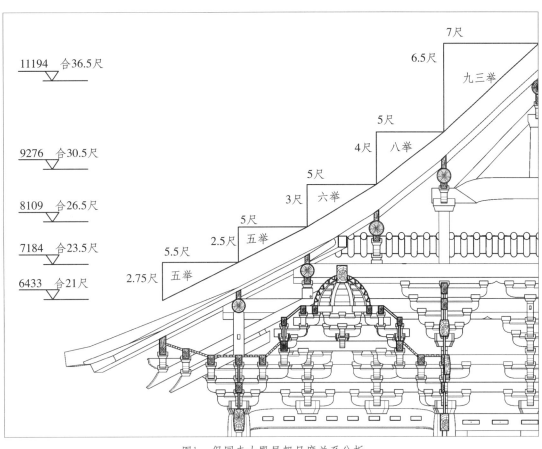

图1　保国寺大殿屋架尺度关系分析

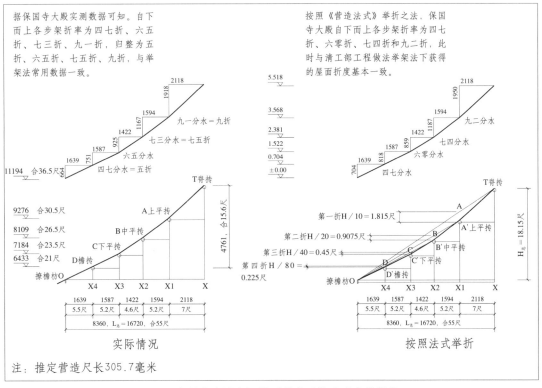

据保国寺大殿实测数据可知。自下而上各步架折率为四七折、六五折、七三折、九一折，归整为五折、六五折、七五折、九折，与举架法常用数据一致。

按照《营造法式》举折之法，保国寺大殿自下而上各步架折率为四七折、六零折、七四折和九二折，此时与清工部工程做法举架法下获得的屋面折度基本一致。

注：推定营造尺长305.7毫米

图2　保国寺大殿实际屋顶举度及按法式求得折线

四 江南宋元遗构的屋面折线构成规律

以上针对保国寺大殿屋架部分实测数据进行了系列分析，由于构件位置较原初状况发生大的异动的可能性较低，而现有屋面折度又更为贴近举架法所得结果，因此有必要重新审视举折与举架做法的相互关系——两者是前后相续的时代性差别？或是并行存在的地域性差异？举架法以其简洁易行，终于在明以后成为主流，为官式与民间共同采纳，举折法则逐渐消隐。然而在宋元时期，举折法是否真的占据无可争议的统领地位？抑或在江南地区，同时存在着举架做法的传统？保国寺大殿所见的情况，是特例还是常态？为此，有必要重新考察江南宋元木构的屋顶曲线构成。

（一）金华天宁寺大殿[一]

按天宁寺大殿八架椽长为162-150-153-165-165-153-150-162厘米，约可分为两种，大致檐步与脊步为一类（163.5厘米），平槫两架为一类（151.5厘米），椽长构成为A-B-B-A-A-B-B-A。另外，铺作外跳97厘米，前后撩檐枋心距1454厘米。

各步架高则以各槫底标高递相加减得到：檐步举高=742（下平槫底）-668（檐槫底）=74厘米；下金步举高=816（中平槫底）-742（下平槫底）=74厘米；上金步举高=923（上平槫底）-816（中平槫底）=107厘米；脊步举高=1053（脊槫底）-923（上平槫底）=130厘米。

各步斜率自下而上分别为0.46、0.49、0.7、0.79，归整为0.45、0.5、0.7、0.8。

而按照法式举折之制，代入本构基本椽平长数据，得到的屋顶折线，反而较现状更为陡峻，斜率分别为0.48、0.57、0.7和0.92。

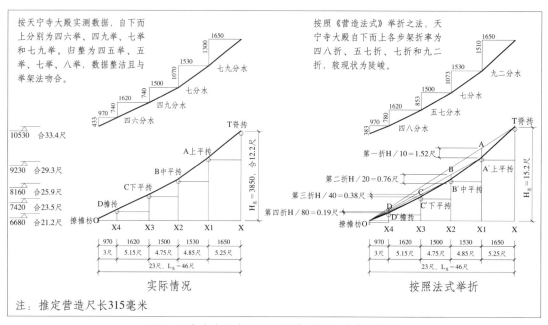

图3　天宁寺大殿实际屋顶举度及按法式求得折线

（二）武义延福寺大殿

黄滋先生在《元代古刹延福寺及其大殿的维修对策》[二]一文中，对其屋面情况作有如下描述："大殿的屋盖举架也不同一般，檐椽自正心向后尾伸两椽与角梁转两椽一致，檐椽上下不用飞椽的手法与金华天宁寺大殿同。檐步第一架为4.3举，第二架为5.5举，脊步为6.2举，总举高为前后撩檐枋心四分中举一分还弱，这在江南地区是较为平缓的实例。它很可能显示的是一种既不同于宋营造法式的举折，也不同于明代以后举架之法的浙南的另一种屋面剖面做法。"

据同文所附图，延福寺大殿八架椽长分别为95-96-96-130-130-96-96-95厘米，显然的，为两种基本长的组合：A-A-A-B-B-A-A-A。铺作外跳长66厘米，撩檐枋心距966厘米。四步架的举高自下而上分别为41.8、42.2、53、82.5厘米。

各步架斜率自下而上分别为0.44、0.44、0.55、0.63。若按照法式举折之制，依板瓦厅堂带入大殿椽平长数据，得到的屋顶折线，各架斜率分别是0.46、0.54、0.66、0.81。

延福寺大殿屋顶曲线极其平缓，即便在区系内也是相当特异的存在。且其存在两个特殊之处，最终影响了屋顶折水：

其一是檐椽长两架。由于檐椽长达两架，导致檐步与下金步之间无法做出折线，这种早期构造做法的遗留，显然与举折法逐架下移槫位的规定相左；

其二是脊槫下不用蜀柱。延福寺大殿只以一足材拱、一翼形拱绞捧节重拱承脊槫，这一组合类似华林寺大殿，而与江南宋元遗构明显不同。因弃用蜀柱，直接导致脊槫位置大幅降低，整个屋架平缓，无法达到举折法关于板瓦厅堂的举高要求。

以上两点都是相当本源的构造做法，由后世维修时改易的可能性不大，因此可以认为，延福寺大殿构建之初，便完全没有按照举折法架构屋面的意识。

（三）上海真如寺大殿

上海真如寺大殿，十架椽，五步架相应的折水分别是：檐步0.59，金步自下而上0.7、0.8、0.84，脊步1.0，举高与撩檐枋心距之比为1/2.6，更接近清官式或《营造法原》规定[三]。

（四）苏州轩辕宫正殿

按东南大学建筑学院2011年测绘成果，轩辕宫正殿前后撩檐枋心距

[一] 天宁寺大殿数据采用文物保护科技研究所1979年修缮工程图，李竹君主持。

[二] 收录于《中国文物保护技术协会第二届学术年会论文集》，2002年12月。

[三] 巨凯夫：《上海真如寺大殿形制探析》，东南大学硕士学位论文，第26页，2010年，指导教授张十庆。

103

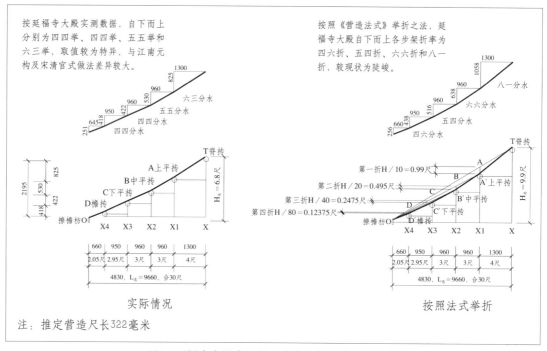

按延福寺大殿实测数据，自下而上分别为四四举、四四举、五五举和六三举，取值较为特异，与江南元构及宋清官式做法差异较大。

按照《营造法式》举折之法，延福寺大殿自下而上各步架折率为四六折、五四折、六六折和八一折，较现状为陡峻。

实际情况

按照法式举折

注：推定营造尺长322毫米

图4 延福寺大殿实际屋顶举度及按法式求得折线

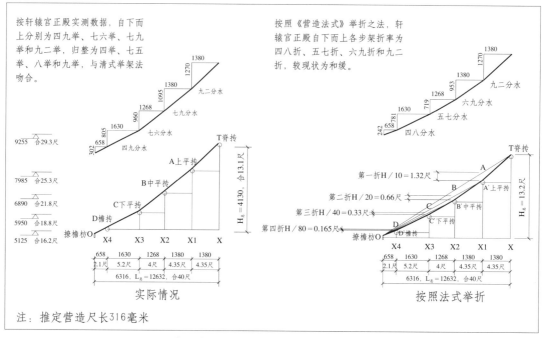

按轩辕宫正殿实测数据，自下而上分别为四九举、七六举、七九举和九二举，归整为四举、七五举、八举和九举，与清式举架法吻合。

按照《营造法式》举折之法，轩辕宫正殿自下而上各步架折率为四八折、五七折、六九折和九二折，较现状为和缓。

实际情况

按照法式举折

注：推定营造尺长316毫米

图5 轩辕宫大殿实际屋顶举度及按法式求得折线

1263.2厘米（四组数据均值），四个步架自上而下举高分别为127、109.5、96、80.5厘米，四个剖切位置的椽架平长均值分别为：163-123-140.8-136.9-137.2-136.9-130.5-163厘米，推测基本椽长配置为A-B-C-C-C-C-B-A（檐步平长163厘米，下金步平长126.8厘米，上金步及脊步平长138厘米）。

各步架斜率自下而上分别为0.49-0.76-0.79-0.92，归整为0.5-0.75-0.8-0.9。

按照法式举折法，依筒瓦厅堂带入架深数据，得到的屋顶折线，斜率自下而上分别为0.48-0.57-0.69-0.92，檐步与脊步与现状一致，两个金步则分别较现状放缓一举。

以上几个实例的槫位受到梁架制约，屋架现状反映原初设计的可信度较高，其中：

天宁寺大殿檐槫受柱头铺作材栔控制，下平槫高度可经由其下蜀柱调节，中平槫高度由后内柱高控制，上平槫标高则受制于前内柱。在肯定檐柱、内柱原真性的前提下，檐槫、中平槫、上平槫的标高应系可信；从样式角度看，蜀柱鹰嘴做法古朴，平梁、乳栿及其上蜀柱为原物的可能性亦较大，亦即下平槫、脊槫的标高也较为可信。

延福寺大殿檐槫位置受柱头铺作材栔格线控制；上、中、下平槫间皆以猫梁劄牵联系，由于劄牵及承中平槫蜀柱样式古朴，这部分经过改动、偏离原始设计高度的可能性很低；脊槫之下为规整的重拱捧节，应当亦是忠实于原状的。

真如寺大殿檐槫、下平槫、下中平槫皆由其下梁栿、襻间垫托，并受平棊铺制约；前檐上中平槫、上平槫以及脊槫在草架内，以草架柱承托，其标高不可信，但对应位置的后檐上中平槫、上平槫，由于假屋面的关系而露明，其设计高度应与现中四椽栿的制作年代相匹配。综合考虑，除脊槫原始高度无法确定外，其余诸槫子当能反映现存构架搭立之初的情况。

从表4可以看到，虽然存在着椽长构成不同的问题，轩辕宫正殿和天宁寺大殿按照举折法作出的屋顶曲线，各步架折水几乎完全一致，延福寺大殿除脊步举高较低外，其余各架也非常接近。而几个木构的实际屋架折度都偏向五或零尾数的简洁值，相邻各架间递变量也一律趋整，在具体数值上虽各有差异，但使用整数折水的倾向同样明显。

据此推测，举架法的雏形或许在元代已广泛流行于江南地区。

105

表4 江南宋元木构屋架各步斜率比较

建筑名	各步架实际折度	各步架归整折度	按《营造法式》举折法求得各坡折度	椽长构成模式
保国寺大殿	0.48-0.65-0.73-0.91	0.5-0.65-0.75-0.9	0.52-0.60-0.75-0.92	A-A-A-B-B-A-A-A
天宁寺大殿	0.45-0.5-0.7-0.8	0.45-0.5-0.7-0.8	0.48-0.57-0.7-0.92	A-B-B-A-A-B-B-A
延福寺大殿	0.44-0.44-0.55-0.63	0.45-0.45-0.55-0.65	0.46-0.54-0.66-0.81	A-A-A-B-B-A-A-A
真如寺大殿	0.59-0.7-0.8-0.84-1.0	0.6-0.7-0.8-0.85-1	/	/
轩辕宫正殿	0.49-0.76-0.79-0.92	0.5-0.75-0.8-0.9	0.48-0.57-0.69-0.92	A-B-C-C-C-C-B-A

五 保国寺大殿屋面折线与其他建筑书相关规定之比较

《营造法式》与《工程做法》之外，明以来流传至今的其他建筑书，如《鲁班营造正式》、《营造法原》等，对于木构屋架的折度，皆有相关规定，虽然具体数值略有不同，但基本的构成法则是一致的，即基于架深、架高间简洁比例的举折法思路。

其中，《新编鲁班营造正式六卷经》[一]对应八架椽屋的记载见于"正九架五间堂屋格"条："凡造此屋步柱用高一丈三尺六寸栋柱或地基广阔宜一丈四尺八寸段浅者四尺三寸成十分深高二丈二尺栋为妙"。有学者[二]认为此条栋柱数据缺失，依据同书其他条目，可知前后坡高深比皆为1：2.06，屋顶总斜度0.48。至于各步架具体折水，仅在"五架房子格"条明确给出相邻两架举架数据——该四架椽屋第一折4.35举，第二折5举。

清官式做法，按王璞子先生于《工程做法注释》"工程技术"章"专业工程设计规程与营造技术"节，论及步架深与举架高时，曾制表，见表5：

表5 《工程做法》举架分数[三]

房屋檩数	举架分数%					附注
	檐、廊步	下金步	中金步	上金步	脊步	
九檩	五举	七举	未及	八举	九举	殿式（带斗科）
	五举	六举	未及	七举	九举	大式不带斗科
	五举	六五举	未及	七五举	九举	《营造算例》
九檩大式楼房	下檐廊五举	未及	未及	未及	未及	上檐七檩做法前后廊
	上檐廊四举	六举	未及	未及	八举	

可知清官式九檩屋基本以五举起算，脊步到九举止，飞椽三五举，各金檩间举高以步架十分之一为率增减。5-6-7-9举是其常用值。

[一]《天一阁藏本》，上海科学技术出版社，1988 年 3 月影印本。

至于《营造法原》，则在第三章"提栈总论"中以歌诀形式对不同类型规模房屋的屋顶举度作了如下规定："民房六界用二个，厅房圆堂用前轩。七界提栈用三个，殿宇八界用四个。依照界深即是算，厅堂殿宇递加深"，依之大体可知常见建筑的惯用举架范围。又有"囊金叠步翘瓦头"、"提栈租四民房五，堂六厅七殿堂八"（平房式三）之谚，强调屋宇反折曲线做法，以及殿堂、厅堂举高有别之类。

[二] 陈耀东：《鲁班经匠家镜研究——叩开鲁班的大门》，中国建筑工业出版社，2010 年版，第 53 页。

[三] 引自王璞子：《工程做法注释》表 7，中国建筑工业出版社，1995 年版，第 17 页。

按张镛森先生所作注解，得苏式建筑提栈表格，见表6：

表6　《营造法原》房屋屋顶折度基本数据表[四]

类型	椽架数	椽平长（尺）	折数	起算提栈	终了提栈	中间各算
民房	6	3.5	2	3.5	4.5	4（金童）
厅堂	6	4	2	4	5	4.5（金童）
厅堂	6	4.5	2	4.5	5.5	5（金童）
厅堂	6	5	2	5	6	5.5（金童）
厅堂	7	4.5	3	4.5	6.5	5.5（金童）
厅堂	7	5	3	5	7	6（金童）
殿宇	8	5	4	5	8	6、7（上下金童）

107

八架椽屋在此体系下，各步架举度分别为5-6-7-8举。

保国寺大殿各架实际斜率分别为：檐步0.48、下金步0.65、上金步0.73、脊步0.91，除脊步外，其余各步反映原状的可信度皆较高。将大殿相关数据分别代进几部建筑典籍的相关规定中[五]，比较真实数据与各组设计体系的吻合度如见表7。

据之可知，保国寺大殿屋面坡度相关数据距离《营造法式》、《鲁班营造正式》规定较远，而更接近清工部《工程做法》和《营造法原》。

[四]《营造法原》七界厅堂（前廊－中四界－后双步，1－4－2分椽）中，后檐柱高按前檐柱高八折计算，因之后双步之椽平长较前五界折减半尺，后金柱之提栈亦折减半分，本文只按前檐计算。

[五] 为便于与上述建筑典籍的规定做出直观比较，需以尺为基本单位，此处复原营造尺长采用 30.57 毫米。

六　小　结

举折做法以固定比值确定屋架总高，继之以等比递减数列控制各架的下折高度，形成屋面折线。举架法以固定比值乘以各架深得到各架举高，

表7 几部建筑典籍中的规定折线与保国寺大殿实际数据之比较

列项	檐步	下金步	上金步	脊步
保国寺大殿实际折度	0.47	0.65	0.73	0.9
《工程做法》举架法	0.5	0.6	0.7	0.9
吻合率	94%	92.3%	95.9%	100%
《营造法式》举折法	0.38	0.5	0.6	0.75
吻合率	80.1%	76.9%	82.2%	83.3%
《鲁班经》	0.435	0.5	未及	未及
吻合率	92.6%	76.9%	未及	未及
《营造法原》	0.5	0.6	0.7	0.8
吻合率	94%	92.3%	95.9%	88.9%

108

并累积形成屋面折线。相比较而言，前者易于在整个建筑群中形成坡度相似、协调共生的多个屋顶，后者则因房屋规模有差，而导致主要建筑屋面更加高峻突出，主次有别。

就计算的简便性而言，举架法各步折率为整数，较举折法简单；明清建筑步架深多因斗口制而略有畸零，不如宋元建筑整尺步架简便。在宋元建筑用举折法、明清建筑用举架法的假定前提下，两者在计算上各有利弊。

但就本文所举实例来看，似乎江南宋元建筑未必采用举折算法，尤其在保国寺大殿例上，或许存在整数尺竖向构成的可能。这一推想若果成立，则意味着举架式整数折率与整数尺步架的结合得以实现，屋架折线的计算趋于极简，完全可以通过口诀形式简单地师徒相传。举折做法到底在多大程度上是基于实际工程的经验总结，又或是李诫的个人创见，要厘清这一问题，无疑需要针对更多的早期遗构进行调研求解。但至少在江南区域，基于现有宋元遗构的相关数据，应当留意其屋架折线与举折制度的明显差异，从而对举架做法产生的时间上限和空间流布作更深入的检讨。

参考文献

[一] 李会智：《〈营造法式〉举折之制浅探》[J]，《古建园林技术》，1989年第4期，第3～9页。

[二] 陈明达：《中国古代木结构建筑技术（战国—北宋）》，附表，文物出版社，1990年版。

[三] 贾洪波：《中国古代建筑的屋顶曲线之制》[J]，《故宫博物院院刊》，2000年第5期，第49～61页。

[四] 李大平：《中国古代建筑举屋制度研究》[J]，《吉林艺术学院学报》，2009年第6期，第7～14页。

【勘析保国寺北宋木结构大殿的歪闪病害及其修缮对策】

沈惠耀·宁波市保国寺古建筑博物馆

摘　要：保国寺大殿具有极高的历史、科学和文化艺术价值，目前大殿存在明显的歪闪、变形、松脱等安全隐患，其保护修缮措施的合理与否对大殿的存续至关重要。本文通过史料考证、社会调查、现场勘查等技术手段，明确了大殿安全隐患出现的成因，对症下药，分别提出适当的隐患排除或防护措施，确保大殿保护修缮的合理、有效，完整保存千年大殿蕴含的历史信息、结构技艺及原始风貌。

关键词：保国寺大殿　歪闪　修缮

保国寺大殿的修缮不同于建设工程，它是对古建筑实施保护的实践活动，是自然科学研究成果的体现。保国寺大殿保护措施的合理与否，对大殿的安全与价值至关重要。文物是不能再生的，在保护措施上的任何一点疏忽，造成的后果往往是不可挽回的。

因此，保国寺大殿保护措施的合理性决定着对大殿修缮保护项目的质量和水平，而衡量修缮的质量和水平，关键是要看修缮后古建筑自身价值得到了多少保护，安全隐患是否得到消除，是否最有助于其社会价值的体现，三者密不可分。并非仅仅是修旧如旧或焕然一新、金碧辉煌。现存的保国寺大殿的歪闪等病害已十分明显，要彻底解决或得到改善与阻止发展，是本次修缮的重要目的，但如何才能使保国寺大殿得到妥善的保护与纠正，措施的合理性十分重要，作为文物保护专业人员，在考虑其保护方法与手段时，应当说，首先要有文物保护工作者的一种积极负责的敬业精神，有对传承民族建筑文化的强烈责任感和使命感，这是做好文物保护措施合理性的前提条件。其次是做好各个环节上的调查研究，力求措施更加合理。最后是有针对性地选择科学的保护措施。

下面就上述问题，以笔者实际工作中解决此类问题的方法、措施以及工作体会，谈谈保护勘察工作的方法意见。

一 建筑勘察与调查

保国寺大殿建于北宋大中祥符年间（1013年），迄今已有999年历史，是江南现存最完整罕见的一座早期宋代木构建筑，集宋代官式作法、大小木作、装饰彩画于一身，在中国古代木构发展史中占有重要地位。它所采用的木构体系为11世纪最先进最有代表性的结构体系，如大殿以"材"为模数、构件科学的断面比例等，是我国古代建筑巨著《营造法式》经典的实物例证，具有极高的历史、科学和文化艺术价值。

保国寺大殿在屈指可数的几座早期木构建筑中，保存的历史信息之丰富，特别是在印证《营造法式》方面无与伦比。大殿建造年代比《营造法式》成书早90年，它所采用的木构技术乃至装修作法，却与《法式》所提及的问题同出一辙，有的甚至成为《法式》做法的孤例，也是11世纪最先进最有代表性的范例。这样的技术做法为90年后产生的中国第一部建筑典籍奠定了基础，它所反映的木构建筑的科学理念经过《营造法式》的提炼，不但指导着中国木构建筑的发展，而且在世界建筑科学史上也闪烁着光辉。

而这些信息真实性，往往是由勘察设计单位，对保护对象的历史及现状，所做的勘查是否全面和准确所决定的。那么，如何做好这项工作呢？

首先要进行史料的考证。不仅包括查找历史史料、相关方面的文献及"四有"记录档案资料，还应注意搜寻未曾发现的历史照片、碑刻以及相关信息等。尽一切努力去发掘与之有关的历史信息，有利于全面地了解保国寺大殿的时代特征、结构法式特征、历史沿革及历次修缮印记，为大殿修缮提供更加有利的佐证。

其次进行必要的社会调查（口碑）。对于近年修复过的大殿，在可能的情况下，不要忽略向曾经参与或与保护有关联的修缮、施工设计方面的专家、技术人员请教，包括深入现场对当地文物工作者、管理使用单位的知情者以及周边对保国寺大殿历史的发展变迁有所了解的人员进行探访，必要时也可以通过媒体向社会广泛征集史料等信息。

再次是现场的勘探。通过实测和必要的科学探测，掌握第一手实物资料，特别是涉及地基与基础状况，抗震动能。地下水路径，以及原有的古代排洪线路及做法（现大殿后的截水、泄水沟沟底标高远高于大殿地面，距离甚近），研究与解决建筑群的防洪泄洪及地下水冲刷侵蚀问题。木构件受潮霉变糟朽状况、材种湿度等关系及其综合治理问题等。

二 病害成因与分析

由于保国寺大殿建造年代久远，受当时条件所限，除结构设计可能与现代建筑相比存在着不合理外，还普遍存在着因年久失修而形成的大量隐患。再加上保国寺位于多雨潮湿的浙东沿海，地处山岙，环境湿润，生物多样，丰沛的地下水泾流不断冲刷地基，在气候、地质、生物等环境要素及建筑构造本身缺陷与木材材质的自然退化腐朽等多种内外部因素综合作用下，保国寺大殿的现状不容乐观。

我们要在勘查中摸清各类情况的底细，进行科学的分析计算，在论证的基础上，做出古建筑当前安全状况的判断。这里应注意易造成误判的一些假象，如判断是稳定性损伤还是发展型损伤时，要弄清问题部位险情是建筑原设计的缺陷，还是后人在修缮改造时所为，或是自然外力所导致，这些对于文物保护措施的选择和技术合理性尤为重要。

在检查大木架时，如发现大的木裂痕迹，要分析大木裂是建造时不堪重负所致，还是后期在外力的作用下而出现的损坏；或是初期因木料潮湿造成的早期开裂，还是地震或外力造成的后期结构损伤，在房屋修缮中还必须要注意和弄清因屋面渗漏出现的痕迹，是早期的还是新近形成的，这方面很容易忽视与误判，我们不能因为看有水印就轻易做出"渗漏严重，揭顶调盖（大修）"的结论，如果在这方面设计时不加分析，在方案审定中又略有疏忽，容易出现一些不可弥补的损失，因此，勘查中要详细认真，尽量防止以"条件不具备"、"时间紧"等理由而轻下结论的现象发生。

另外，对于常出现的屋面瓦件松动，或者有一些脱落现象，就认为屋面渗漏严重，要求揭顶修缮，这种做法也是错误的。对有些传统的屋面（或旧灰背）虽已历经百年或更长时间，但仍很完好且具有很好防护性，可通过局部揭瓦来解决渗漏的问题。

对于地基下沉和墙体开裂现象更要注意分析，这些现象是早期还是后期形成的，是初期设计问题，还是因地震或是周边排水因造成的水土流失、或是因周边施工造成的等等，只有确准了"病因"，才有可能"对症下药"。

三　病害判断与相应措施

在经过东南大学建筑学院对大殿进行基础测绘和残损勘察研究，以及此前委托同济大学进行的结构变形和环境监测；中国林科院的材质分析研究；宁波冶金勘察设计研究院的倾斜沉降测量分析，综合上述各院校和相关研究所的专项勘察，发现大殿现状存在着影响整体稳定的多种不同类型的隐患，综述如下。

（一）拼合柱结构缺陷

保国寺大殿核心承重立柱采取拼合柱构造工艺，存在着承载力不匀与分散倾向，在拼料各自残损与退化的情况下建筑结构稳定性存在较大风险。目前，西南内柱柱头处栓子松动，四拼料外散（已采取紧急加固措施，用铁箍临时箍住）；西北内柱四根拼料柱腐朽程度不同，导致整个柱子偏心受压；四内柱不同程度向北倾斜，整个大殿存在顺时针方向扭性偏转现象，其中东北方向扭矩最大；东北角柱、东山墙中前柱以及东南内柱虽经维修，但大殿整体构架未作全面拨正，各柱仍存在不同程度的歪扭变形；1975年修缮时对歪扭较严重的实木檐柱进行了环氧树脂灌胶处理，但四根内柱高度较高，又系拼合而成，潜在风险日渐加大。

（二）梁栿偏闪与排架扭曲

由于柱头偏闪，导致阑额、铺作随之走偏，带动各楢排架产生扭曲，即四缝主梁架与沟通内外筒的八缝排架，彼此不能保持水平或竖直，每缝排架自身的上下层梁栿中线也未能完全重合。排架扭曲的结果，导致梁栿构件节点（如乳栿上驼峰、栌斗，或内柱身承乳栿、劄牵的丁头拱）局部应力集中，构件产生劈裂损坏等。

（三）槫子滚落、下挠及屋面变形

保国寺大殿前后檐对应位置椽架平长与槫子高度皆不等，前檐槫位受到干扰发生滚动，南北上、中平槫槫位存在偏差，导致屋面前后坡度略有出入。部分槫子局部挠曲、开裂，对结构稳定影响较大。

（四）串枋的榫卯破坏与机能失效

保国寺大殿主要构件（直杆件）的榫卯类型大致分为直榫和燕尾榫两类。由于年代久远，大量燕尾榫的梯形斜边已被磨平，几乎变成直榫，而卯口亦同时糟朽，形成远大于残存榫头的空洞，榫卯的功效基本丧失。大殿结构最为重要的几根牵拉构件——心间两缝中三椽栿下的两根顺栿串、两前内柱和两后内柱间的两根顺身串、脊蜀柱间的顺脊串，以及外檐各柱间的阑额，榫卯都已不同程度受损。最为严重的是西顺栿串，其北端过西北内柱柱头处已严重糟朽，加之西北内柱头四根拼料间缝隙甚大，形成一个空洞，实际上已没有任何牵拉功能。外檐各道额、枋，由于部分铺作外倾，已弯成多道折线，整体性受到破坏。部分阑额、由额端头折断、劈裂，1975年大修时所采取灌注环氧树脂并以玻璃纤维布裹绕的现代化学处理的现状效用需要检修。

（五）铺作失稳及其附带影响

大殿铺作里外跳所受荷载差值破坏了杠杆的平衡性，使得铺作普遍外翻，勘测发现前檐铺作里跳下道昂尾已被拉脱至距离藻井算程枋10余厘米。相应的，昂身所承牛脊槫、下平槫也受拉位移，使得竖向荷载传递线路发生变化，进一步破坏传力路线上诸构件。铺作存在外翻倾向、外檐扭闪等多种问题，这主要是构件残损导致的。散斗的大量残缺、更替减弱了横拱的坚支作用；出跳构件的朽蚀加剧了整体铺作侧倾，导致檐口水平曲线发生变化。

（六）丁头拱松脱

大殿内柱身上所作的大量丁头拱，其后尾入柱部分均未作榫卯，且入柱深度亦较浅（大致6～10厘米），仅仅是放置在柱身开口内，基本未起到承栿作用。随着孔洞眼的风化糟朽，其稳定性急剧减弱，测绘中发现多个已松动的丁头拱，其中一个稍受触碰即自行脱落。其重拱丁头拱的入柱处理方法，是在柱身上开长槽，在两道丁头拱之间加添木块楔（牵）牢，这些木块也已不同程度糟朽变形。部分散斗、齐心斗的斗耳已劈裂缺失，有些也未被其上枋子压实，极易脱落。

（七）大殿整体北倾与扭转

受当地主导风向影响，大殿存在着较严重的北向倾斜现象，1997年以来每年进行两次倾斜监测，表明其倾斜情况一直存在。以大殿正南方为南向建立坐标系，则可以发现左前内柱朝北偏东10.63度方向歪35.99厘米，右前内柱朝北偏西22.44度方向歪30.07厘米，左后内柱朝北偏东50.82度方向歪25.93厘米，右后内柱朝北偏西55.4度方向歪9.47厘米。其中东南内柱柱根倾向西南角，与柱头方向相异，造成柱身整体歪闪。沉降方面，宋代部分相对均匀，清代所加副阶（三面下檐）部分的东檐、南檐东段则有较明显的沉降。

然而，面对上述出现种种的残损或问题，心里也有一种不置可否的思想和意见产生，保国寺大殿已历经千年历史，就最近一次的大修来算也已有几十年时间，如按照大殿重要的结构部分的柱上斗拱构件观察分析，这部分应当是未被后期所扰动过，基本保持原始状态，据此承载几百年的木材结构其受压变形或出现的残损情况实是在所难免，在新的一次修缮即将启动之际，如许多构件因其不能满足于结构与承载需要时或可能会被处理与换掉等，因而对于这些建筑构件的保护与利用是修缮中的一项十分重要工作，维修中的构件处置会是本次修缮所面临的一次结构用材与修补或更换等等选择问题，需要我们的专业技术人员慎重与之对待和考虑，要以最大限度保留建筑的历史信息与结构材料为原则的要求，是本次修缮的关键，要以谨慎的态度对待千古建筑。

另外，对于建筑的地基基础，重视调研与科学勘察，如发现有下沉现象，要分析研究是早期就已定型，还是后期逐渐形成，观察其现状结构是否处于稳定状态，似处于相对稳定的状态，就考虑现状保护与定期观察。但对于具有发展趋势的问题，针对其起因采取必要的措施，根据不同的情况分别采取疏通排水，保证下水管道等不出现渗漏，或对地基基础进行加桩等方法进行强固处理，防止其险情进一步扩大，对于危及结构安全的，应在专家论证的基础上考虑落架，重新修复基础，特殊情况也可适当考虑增加地梁等新技术处理地基基础。当然这些需要有专业的勘察报告、科学计算等数据的分析支持。以最小干预为原则，在确保安全的基础上，把因加固对文物造成的损坏降低到最小限度。

总之，保国寺大殿保护，关键是要对病害的成因进行科学的分析，找出原因，寻求解决办法，既要慎重，又要积极负责。同时更要考虑对文物建筑周边环境的整治，保护好山林与原始地理风貌与林木，防止因过度开发与利用造成对保国寺的污染与改变等。

最后，保国寺大殿的修缮外观问题，其效果十分重要，不能是金碧辉煌、焕然一新，需要的是干净、整洁、和谐的风貌，能够让人们从外观上充分感觉到文物的价值，看上去仍然是一座文物古迹，这是最根本的。在修缮中除了应当坚持文保基础原则外，更应注重保护其原真性和真实性。当前，在古建筑修缮究竟是"修旧如旧"还是"金碧辉煌"这个问题上仍各有说辞，归结一点，还是文物保护观念上的认识问题，笔者认为修缮保国寺大殿的目的应该首先是通过保护使保国寺大殿能够处于一个相对安全的状况，消除安全隐患。其次就是要医治和减缓病害，抑制险情扩大的趋势，最大限度地保护保国寺大殿历史信息。再次是有利于发挥文物的社会价值作用。

综上所述，要做好保国寺大殿保护工作，做到保国寺大殿保护措施的合理，要有很强的文物保护意识，认真负责的精神，实事求是的科学态度，才能使保国寺大殿保护措施更加合理、有效，更能对得起千年大殿的历史信息与建筑结构及原始风貌。

114

【光纤传感技术在保国寺结构健康监测中的应用】

符映红·宁波市保国寺古建筑博物馆

毛江鸿·浙江大学宁波理工学院

摘　要：光纤传感技术在木结构，尤其是有保护意义的古建筑中具有独特的优势，光纤传感器具备抗电磁干扰能力强、不受温湿度影响、长距离、寿命长等优点，且体积小不影响文物结构外观，在文物保护中具有很好的推广价值。本文介绍了采用先进的分布式光纤传感器（BOTDA）和光纤光栅传感器（FBG），完成了保国寺梁、柱、节点性能长期健康监测，结果表明，保国寺作为千年古寺，木材经历各种环境及荷载的长期影响，会有不同程度的性能下降，但仍然能有效地抵御"梅雨"和"台风"等灾害性天气的影响，且其所保持的强度依旧比较富裕。

关键词：光纤传感　评估　监测

保国寺位于浙江省宁波市北的灵山，于1961年3月被国务院公布为第一批全国重点文物保护单位。现存的保国寺保留了多个时期的建筑。拥有唐、宋、明、清和民国等各个时期的建筑群体，是一处名副其实的古建筑博物馆。其中，保国寺大殿，是寺内现存最早的建筑，重建于北宋大中祥符六年（1013年），是现存长江以南保存最完整、历史最悠久的木结构建筑。然而，由于历经近千年沧桑，保国寺大殿不可避免地遭受了各种不同程度的残损，这些残损降低了建筑的质量，影响了建筑的寿命。近年来，文物保护工作者做了大量艰辛的保护工作，先后对保国寺大殿一些损坏严重的部分进行了不同程度的维修和保护。为了能够更有效和有预见性地做好文物保护工作，贯彻"抢救第一、保护为主、合理利用、加强管理"的文物保护方针，自2007年4月，保国寺古建筑博物馆开始构建针对文物建筑的保护监测系统，应用现代的计算机数字化信息技术，逐步对文物材质信息、结构受力状况及一些有可能影响文物建筑的一些自然环境信息进行检查和监测。

　　本文介绍了近期最新引入的光纤传感技术，对保国寺大殿的结构应变进行跟踪监测，对保国寺大殿在"梅雨"及"台风"等极端灾害天气下的结构健康状态进行评估。本文从结构应变概念引入，简要介绍了光纤传感

115

技术，并详细阐述了保国寺的结构健康监测系统构建过程及监测结果分析。

一 结构应变的概念

木构件在承受外力作用下将产生变形，变形量的大小直接影响到结构的安全，结构变形量主要采用"应变"进行描述。试件（研究对象）被拉伸或压缩时，会产生伸长变形ΔL，试件变形后的长度为L+ΔL，如图1所示：

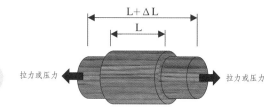

图1 应变的概念

伸长量ΔL和原长L的比值（ΔL/L）即是所谓的伸长率（压缩率），称为"应变"，标记为ε，其物理意义如下式所示：

$$\varepsilon = \frac{\Delta L}{L} \quad (1)$$

"应变"直接体现了结构在受力状态下的变形特征，因此可作为结构健康状态的重要参数之一。目前测试结构应变的传感器种类较多，传统监测手段主要包括电阻应变片、钢弦应变计等，但将上述传感器应用到文物结构健康监测过程中存在一定的自身缺陷。传统传感器体型较大且只能进行点式监测，因此将其集成到文物结构健康监测系统时，存在影响文物美观、需要大量传输导线等缺点。本次监测采用的光纤传感器克服

了传统传感器的技术缺陷，可现实一根传输导线集成多个传感元件，且传感器体积非常小，可实现文物结构表面的无损布设。

二 光纤传感技术简介

（一）光纤简介

光纤是光导纤维的简称，其主要结构包括纤芯、包层、涂覆层及护套层，纤芯直径一般为5μ米～75μ米；包层为紧贴纤芯的材料层，其光学折射率稍小于纤芯材料，其总直径一般为100μ米～200μ米；涂覆层的材料一般为硅酮或丙烯酸盐，用于隔离杂光；护套材料一般为尼龙或其他有机材料，用于增加光纤的机械强度，起到保护光纤的作用。光纤种类较多，其中紧套光纤是将塑料紧套层直接加工在光纤涂覆层外，涂覆层以内的结构与包层不发生相对移动，该类型光纤一般用以应变传感。用以集成保国寺结构健康系统的光纤传感器为900μ米的紧套光纤，应变信号的采集采用了分布式光纤传感技术（瑞士O米nisens公司的DiTeSt型BOTDA传感器）和准分布式光纤传感技术（美国米OI公司的S米125型FBG传感器）。

（二）分布式光纤传感技术（BOTDA）

分布式光纤传感技术的光纤即作为传输光纤也是传感元件，可获得沿着光纤长度方向的所有被测物理量，其简要测试原理如下式所示：

$$v_B(\varepsilon,T) - \frac{dv_B(T)}{dT}(T-T_0) = v_B(0) + \frac{dv_B(\varepsilon)}{d\varepsilon}\varepsilon \quad (2)$$

式中，$v_B(0)$为初始应变、初始温度

时布里渊频率频移量，$v_B(\varepsilon, T)$ 为在应变 ε、温度 T 时布里渊频率漂移量，dv_B/dT 温度比例系数，$dv_B/d\varepsilon$ 为应变比例系数，$T-T0$ 为光纤温度差；ε 为光纤应变变化量。瑞士 Ommnisens 公司的 DiTeSt 型 BOTDA 系统可直接输出光纤沿线各采样点的应变和温度值。

（三）FBG 光纤传感器

光纤光栅（Fiber Bragg Grating）传感器是属于波长调制型光纤传感器，当光栅周围的温度、应变、应力或其他待测物理量发生变化时，将导致光栅周期或纤芯折射率发生变化，从而产生光栅 Bragg 信号的波长位移，通过监测 Bragg 波长位移情况，即可获得待测物理量的变化情况：

$$\Delta\lambda_B = \lambda_B(1 - P_e) = k_\varepsilon \Delta\varepsilon \qquad (3)$$

式中：Pe 为光纤的弹光系数，为定值；k_ε 为应变 ε 引起的波长变化的灵敏度系数，其值由光纤光栅厂家提供。美国米 OI 公司的 S 米 125 型 FBG 传感器系统可直接输出各个光纤光栅传感器的应变值。

117

三 保国寺光纤结构健康系统的构建

文物（古建筑）相比于新建或服役状态下的工程结构，其结构自身往往已经不再承受人为活动荷载的作用，可能引起结构破坏的主要原因包括构件材料性能退化（如白蚁、木材腐烂等）、遭遇灾害性天气（台风、梅雨、暴雨、地震）以及修缮过程的意外荷载等。因此，文物结构健康监测系统在实时监测方面要求较低，但其对传感器布设等方面要求较高，需重点考虑传感器安装对文物表观的影响。传感器选择方面要求体型小、方便装卸、连线简便、无强电介入等技术要点，针对上述指标对传感器研制、安装、调试等方面进行了改进，以适应保国寺的结构监测需求。

（一）结构健康监测技术方案

保国寺结构健康监测的技术路线如图2所示。

首先通过现场调研和文献查阅，详细记

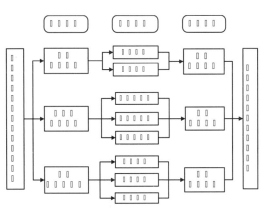

图2　保国寺结构健康监测系统构建路线

图3 "斜撑"处FBG布设

图4 "昂"处FBG布设

观、体积等参数由传感器供应商提供，因此未对FBG进行特殊设计。鉴于FBG属于准分布式检测技术且安装便利，主要将其安装在昂、斗拱、斜撑等上部结构，通过光纤熔接技术形成完整的监测线路（图3、图4）。

分布式光纤传感技术（BOTDA）具有分布式、大范围监测的优势，可实现最长80公里的监测范围且采样点间隔仅为0.1米，因此可实现对大殿的全尺度监测。首先对环绕大殿一周的梁及选定的柱子进行监测，其中，梁体光纤传感器布设在梁底和梁顶，梁底光纤测试受拉应变，梁顶光纤测试受压应变，各传感光纤通过熔接连接成一条完成的监测网。BOTDA采用900μ米紧套光纤作为应变传感光纤，传统布设方法需对木材开凿后采用粘结剂进行固定，但考虑到古建文物的特点，需设计新的布设方法，减少对文物外观、结构等的影响。

之后设计了预制木条、油漆配色、气钉安装的方式进行分布式光纤传感器的安装，该方式可最大程度减小对保国寺大殿本体的破坏，属于可拆卸式布设方式，图5～图8为光纤布设现场。

整条监测线路安装完成后，合计约500米长，共有应变采样点5000个，覆盖了大殿主要的梁、柱结构。

（三）结构应变监测系统敏感性分析

安装于保国寺大殿的应变监测系统能否感应荷载变化是评估结构健康监测系统有效性的重要依据。由于上部的昂、斗拱所处位置较高且材质损伤明显，鉴于安全性考虑未对其进行人工加载，最后选定下部梁体作为研究

录保国寺构件连接方式，对木材损伤状况进行分析，明确荷载传递路径并优化传感器位置。其次，对选择的传感器进行优化设计，要求传感器达到体积小型化、外观协调性、装卸便利性等技术要求，以适应木质古建筑要求；最后，依据保国寺古建筑博物馆长期监测的环境数据资料，确定检测的时间节点，需考虑正常环境、灾害环境以及维护修缮等多种状况，依据结构响应数据对保国寺的健康状态进行评估。

（二）光纤传感器的安装

保国寺结构监测系统主要采用了两种结构应变检测手段，分别是BOTDA和FBG传感器，其中FBG传感器封装技术较为复杂，其外

图5　预制木条

图6　油漆配色

图7　梁表面传感光纤安装

图8　柱表面传感光纤安装

图10　FBG布设位置图

图9　实验员加载现场

对象，对其进行加载试验。鉴于现场情况，要求加载过程快速并安全可靠地完成。加载过程中绳子吊在叠合梁（梁体）的上梁顶面，依靠实验员体重进行加载，其中实验员Ⅰ体重为60公斤，实验员Ⅱ体重为80公斤，现场布设如图9、图10所示。

加载过程中，米OI公司S米125型FBG开启实时监测模式，采样频率设置为100Hz，实时监测人工加载过程中梁体应变变化情况，防止人工加载过程中梁体应变出现非线性变化，保证加载过程安全。由于测试结果较多，本文仅列出组合梁下梁受拉光纤的应变数据，如图11所示。

由曲线可知，存在较为明显的三个区域（8:00、8:30、9:15），上述过程为实验员上、

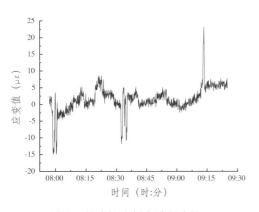

图11　敏感性分析全过程曲线

下梁过程中进行绳子安装及传感器整理。同时存在两个不明显的区域（8:15～8:30和8:45～9:00），上述过程为实验员进行体重加载的过程，由于加载量较小，其应变变化不是很明显，以8:15～8:30时间区间详细分析结构应变监测系统的敏感性，结果如图12所示。加载过程分四个阶段，分别是实验员Ⅰ加载、实验员Ⅰ和实验员Ⅱ同时加载、去除实验员Ⅱ荷载、去除卸载实验员Ⅰ荷载，由图12可知加载和卸载过程中FBG传感器能明显感应四个阶段。

四　监测结果分析

分别于2012年6月和2012年8月对保国寺进行灾害天气下结构应变监测。其中，2012年6月浙江省进入梅雨季节，经历了近一个月的降雨过程，项目组于6月底7月初对保国寺在经历梅雨季节后的结构健康状态进行了检测。2012年8月7日至8月9日，台风"海葵"直接登入浙江省宁波市，项目组采用FBG对保国寺进行了实时监测，评估台风对保国寺结构的影响。

（一）梅雨对保国寺的影响分析

本次现场监测于6月27号进场，7月1号结束，为期五天。获取的监测结果较多，由评估结果可知，梅雨季节对保国寺的结构健康状态不存在显著影响，期间主要是温度变化引起的结构变形。本文选取监测对象中的1根柱子进行温度影响分析，该柱子底部沿长度方向布设了四段光纤传感器，采用BOTDA持续监测，并用不同时刻传感器的监测数据

绘图，如图13所示。

由图13中曲线可知，存在四个明显的应变区域，分别对应柱子中四段应变感应区间，三天的监测结果显示其处于受压状态变化。上图中同时存在约40με的受拉应变，由于BOTDA存在约±20με的测试误差，因此其值应该较测试值小。为更加准确的分析各传感段在一天中的应变变化，选取某一指定采样点进行分析。如图14所示。

图14中曲线表明，柱子中四段光纤所测应变相近，应变规律和温度变化存在一致规律，说明大殿一天的温湿度变化会对柱子产生周期性的加、卸载过程。同时，由图可知，当时间处于每日00:00时，各段光纤处拉应变达到最大值，14:00时，压应变最大，该变化与温度变化一致。光纤传感器布设于柱子底部，处于受压区，上部结构降温收缩时对下部柱子产生拉应力，同理，升温膨胀对柱子底部产生压应力，因此会产生低温拉应变、高温压应变的现象。

（二）台风对保国寺的影响分析

2012年第11号热带风暴"海葵"于2012年8月5日17时进入我国东海东部海面，中心附近最大风力有10级，8日凌晨登陆浙江。为评估保国寺在台风"海葵"下的影响，2012年8月7日至8月9日，项目组采用FBG对保国寺进行了实时监测，鉴于台风期间外出作业存在一定危险，本次检测仅采用便于携带且可以实时运行的光纤光栅传感器（FBG）进行监测，部分监测结果如图15～图18所示。

测试结果可以看出，组合梁以及斜撑在台风登陆宁波期间出现了较大应变变化。

采用实验员进行加载时，仅仅产出10με左右，而此次台风影响产生了约20～40με，说明台风对其影响较大。8月8日整天的监测数据表明，在8点至12点各位置FBG传感器均存在显著的应变突变，而该段时间并无人员扰动，其值完全由台风引起的，结果还表明，台风过后结构应变基本恢复至原先状态，说明保国寺抵抗住了"海葵"的破坏。

五 结论与展望

项目组采用先进的分布式光纤传感器（BOTDA）、光纤光栅传感器（FBG），完成保国寺梁、柱、节点性能长期健康监测。分布式光纤传感器和光纤光栅传感器在木结构尤其是有保护意义的古建筑中具有较强优势，其具有抗电磁干扰、不受温湿度影响、长距离、寿命长等优点，且体积小不影响文物结构外观，该监测方法在文物保护中具有很好的推广价值。

通过叠合梁加载试验获取的数据分析，保国寺作为千年古寺，木材经历长期的各种环境及荷载影响，其所保持的强度依旧比较富裕，在短期经历一定局部荷载条件下能够恢复至原本的健康状态。

前期梅雨季节和台风"海葵"的监测结果表明，安装的结构监测

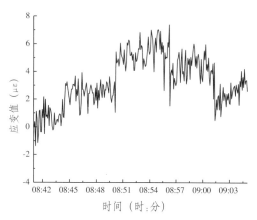

图12 试验员加载过程曲线

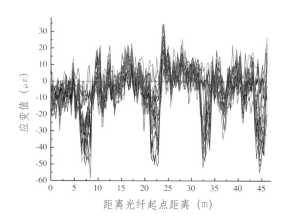

图13 "北柱"表面光纤应变

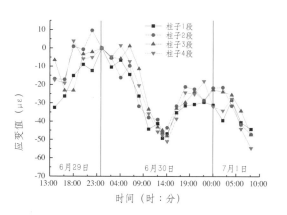

图14 柱子分段显示

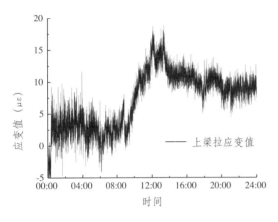

图15　叠合梁上梁拉应变

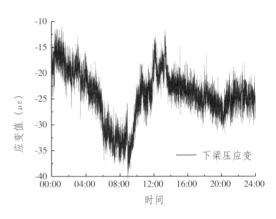

图16　叠合梁下梁压应变

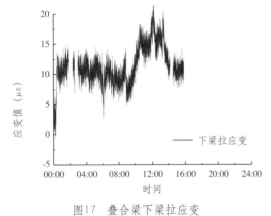

图17　叠合梁下梁拉应变

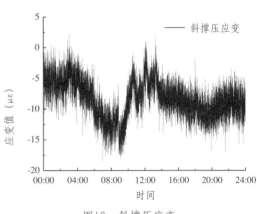

图18　斜撑压应变

系统对识别保国寺的结构响应有显著效果，鉴于保国寺的长期安全性，建议考虑安装更

为系统的结构监测系统，从长期监测数据中挖掘更有意义的结果。

参考文献：

[一] 路杨、吕冰、王剑斐：《木构文物建筑保护监测系统的设计与实施》[J]，《河南大学学报》（自然科学版），2009年第3期。

[二] 毛江鸿、何勇、金伟良：《基于分布式传感光纤的隧道二次衬砌全寿命应力监测方法》，《中国公路学报》2011年第2期，第77～82页。

[三] 蔡德所：《光纤传感技术在大坝工程中的应用》[M]，中国水利水电出版社，2002年版。

[四] Kwon I-B, Kim C-Y, Choi M-Y. Distributed strain and temperature measurement of a beamusing fiber optic BOTDA sensor[J]. Proc SPIE, 2003, 5057：486～496

「建筑美学」

肆

【江南第一楼】

——洞庭东山春在楼

黄艳凤 · 苏州大学凤凰传媒学院

摘　要：春在楼，取"向阳门第春常在"之意而得名。坐西面东，作四合院形式。面积5516平方米。主楼梁桁、门窗、门楼均施精雕细刻，故俗称"雕花楼"。全楼建筑砖雕、木雕、金雕、石雕、彩绘、泥塑、铺地艺术巧夺天工，雕刻精致，精美绝伦，且"无处不雕，无处不刻"，享有"江南第一楼"之誉。宅园单体建筑以中轴线分布，自东向西依次为照墙、门楼、前楼、后楼及附房，北侧是庭院。布局合理，功能分明。春在楼的雕刻不仅是为了雅致，还有很多寄托，很多愿景。

关键词：洞庭　雕刻　谐音

125

　　洞庭东山位于苏州郊外40公里的太湖之群，是一个典型的江南古镇。东山是伸展于太湖东首的一座长条形半岛，因其在太湖洞山与庭山以东而得名洞庭东山，也称为东洞庭山。

　　洞庭东山，是物产丰饶的鱼米之乡。三万六千顷的烟波太湖，偎抱四周；扑朔迷离的七十二峰，或隐或现。青山如黛，花果琳琅。古镇倚山而筑，明清建筑参差错落，古老斑驳的石板路依街伸展，岁月的痕迹仿佛就镌刻在上面。

　　东山镇松园弄内有一处名宅——春在楼。楼朝向东，取"向阳门第春常在"之意而得名。主楼梁桁、门窗、门楼均施精雕细刻，故俗称"雕花楼"。全楼建筑砖雕、木雕、金雕、石雕、彩绘、泥塑、铺地艺术巧夺天工，雕刻精致，精美绝伦，且"无处不雕，无处不刻"，享有"江南第一楼"之誉。

　　楼主金锡之少年时家境贫寒，后去上海做棉纱生意而发财，人称"金百万"。有钱了修座新房子，没有什么必要去探讨它的理由，或是斗富，或为子女。当然更多的宣传中说是，他卖掉了上海的洋楼，为其母亲归养所建。这是个孝顺、美好，世人乐于接受的借口。由于金锡之是商人出身，成为富商后并未被东山上层所认可，即使持有百万资产，还是遭到当地世家大族的排挤，不得已将规划面积一再缩减，设计方案几度更改，直至1922年才破土动工，并聘请苏州香山帮名匠陈桂芳设计建造，雇用250多名工匠，耗资15万银元，折合黄金3741两，竣工于1925年，历时三年时间。

大院里的每一院落，都有一道门楼和外界隔开，形成姑苏小巷宅院的独特风貌。春在楼也是这样，坐西面东，作四合院形式。面积5516平方米。宅园单体建筑以中轴线分布，自东向西依次为照墙、门楼、前楼、后楼及附房，北侧是庭院。布局合理，功能分明。照墙八字形，高大宏伟，砖雕精美，在质地细腻的水磨青砖上，用凿子和刨子，雕凿出了神奇和不朽，突显楼主的身份和意趣爱好，所谓"无雕不成屋，有刻斯为贵"，就是这个道理。

图1　在雕花大楼进口处门前特别建造一座白墙上有黑瓦檐廊的牌楼，以绿色书法浮雕著"雕刻大楼"四字，字形苍劲有力，和前景的假山枫柏呼应，极其典雅俊美

一　砖雕门楼

中国人都讲究门面，这门楼正如主人的脸，能不讲究？正面门楼的砖雕分三层，中坊是"天锡纯嘏"四个大字，喻义天赐洪福，左右兜肚雕的是《三国演义》古城相会和古城释疑的故事，喻义忠孝仁义；上坊雕灵芝、牡丹、菊花、兰花、佛手、祥云等图案，下坊是梅兰竹菊四君子，均是吉祥之意。进了大门，回头继续看门楼上的砖雕，比正面更繁复更精彩。与"天锡纯嘏"相对应，这边中坊写的是"聿修厥德"四字，为清代书法家尹立勋所题，意为修行积德，左右兜肚雕的是尧舜禅让和文王访贤的故事，喻义德与贤；上坊是王母娘娘做蟠桃盛会，八仙庆寿的场面，取"寿"的意思；接下来一栏雕了10只梅花鹿，既有"十全十美"又有"禄"的意思；下坊是唐朝大将郭子仪做寿，他的七个儿子八个女婿前来贺寿的场面，多子多福，取"福"的意思。再加上顶脊正中的聚宝盆，门楣上方的双喜字，合在一起，就占全了"福、禄、寿、喜、财"五个字。单是这一座砖雕门楼，就花了3500块银元，据说当时金锡之一听报价也急了，说："太不像话了！"其实，一切才刚刚开始。为了雕琢美、堆砌美，大把大把的银元继续源源不断地花出去了。整个门楼，雕刻着十几组戏文图案，层次分明，形象生动，含意隽永。卓越的香山帮匠师以透雕和高浮雕的手法，在厚度不过一寸多的砖面上雕刻出繁复的图案，从外到内，往往有六个层次，层层深入，形成画面，充分体现出民间艺人高超的雕刻技艺。

126

图2　砖雕门楼——聿修厥德

图3　雕花楼前楼大厅

图4　江南第一楼

二　雕花楼前楼大厅

主楼凤凰厅是举行婚丧大典和接待贵客上宾之处。厅内有木皆雕，其分布密度堪称天下之最。楼外廊檐柱刻成竹子，栏板是白色益寿延年圆形镂空图案。额枋、吊柱上刻着细密的花纹；桃枋上镶刻有"桃园结义"、"空城计"、"甘露寺"等34幅三国故事图。窗棂上刻着"王祥卧冰求鲤"等24孝图。轩棚下常见的驼峰变成一对凤凰，其尾部弯曲成优雅的曲线，再配以镂空花草图案，堪称古建构件的艺术珍品。厢房楼上有一个"花篮厅"，是用两个木雕的大花篮作为承重构件，匠心独具。楼内共雕有大小花篮102只，分别雕有春兰、秋菊、夏荷、冬梅四季花卉。雕了172只凤凰，也就是86对，当地方言，"八六"与"百乐"是谐音，喻义百年快乐。

三　客厅、书房和卧室

雕花楼的二楼是客厅、书房和卧室。客厅中央挂着一块匾"春在楼"，匾额后面，还是一个暗道的进出口，曾存放过金家最值钱的东西。当年太湖强盗三次抢劫雕花楼，都未发现这条暗道的奥秘。二楼除了做工精巧的红木雕花家具外，大梁上的彩绘万年青聚宝盆，少爷书房窗子上从西洋进口的彩色玻璃也颇有特色。

窄窄的楼梯通往三楼。这是雕花楼的一个结构特色，叫明二楼暗三楼。因为三楼比二楼缩进二檩，加上两侧山墙和风火墙的遮掩，人站在楼外或者天井中，根本看不到三楼。这

图5 书房

图7 照壁上正楷"鸿禧"两字雕刻于斜面水磨砖壁底上,醒目异常。中国人自古以来总希望出门即有喜事来临,"鸿禧"即"宏喜"

三楼正是主人躲避战乱和匪寇骚扰而建造的栖身藏宝之所。三楼有一个用雕栏围住的楼井,是为楼上楼下传递物品而设。楼井盖板放好之后,从楼下什么痕迹也看不出来。

四 闲情雅致后花园

当然,雕花楼也有很多体现闲情逸致的地方。后半进可通外面一个小阳台,台上有观山亭,上写:"青山无奈露真容,绿水有意藏幽姿",站在这里,东山的景致尽收眼底。楼北侧有一座小花园,小桥荷塘,亭台楼阁一应俱全,还有一棵江南难得一见的孩儿莲,有三百年的树龄了,花儿小若指甲,形状如莲,花色红润似孩儿脸,故称孩儿莲。2006年05月25日,春在楼被国务院批准列入第六批全国重点文物保护单位名单。

和苏州的文人园不同,春在楼的雕刻不仅是为了雅致,还有很多寄托,很

图6 小花园位于雕花楼的北侧,吸收了江南古典园林的造园艺术精华,既注重模仿自然山水,追求"咫尺山林"的艺术效果,更刻意营造自然淡泊、超凡脱俗的意境

图8　雕花楼局部

多愿景。如果说透视春在楼建筑布局与样式能了解楼主人的生活状态的话，那么聚焦这些建筑局部的雕刻更能近距离地体味楼主人的精神世界。它有别于苏州的古典园林，后者大多象征的是文人隐逸精神，而此处则彰显了商人的价值取向。

五　雕花楼的谐音和意象

春在楼在建造中集中了民间几乎可以想得到的各类传说和吴地谐音，借助谐音和意象，表达了吴地的市井文化和民俗心理。大门地面上是用彩石铺成的一个大花瓶，里面插着三支戟，取"平升三级"之意。大门对面照墙上有砖雕"鸿禧"二字，寓意出门见喜。两扇漆黑大门上的青铜雕饰拉手称为金雕，由菊花瓣、如意和六枚古钱币组成，寓意伸手有钱。门槛上嵌有蝙蝠形的销眼，叫做"脚踏有福"。门楼上雕刻了十只鹿，鹿在苏州方言中

谐音"禄"，象征快乐和发财。门楼顶端正中塑万年青，象征万年永昌。万年青下塑鳌鱼，意独占鳌头。两边一对蝙蝠，寓意洪福齐天。门楼南侧雕锦鸡荷花，寓意"挥金护邻"，北侧雕凤穿牡丹，寓意富贵双全。两旁垂柱上端雕和合二仙，象征和谐合好。门楼两侧厢楼山墙上，开八角窗，左窗上方塑和合二仙，右窗上方塑牛郎织女，寓意百年好合，终年相望。围墙上又开四扇漏窗，图案用板瓦筑"百花脊、果子脊"，寓意花开四季、多子多孙。大厅四根厅柱上端雕有四副乌纱帽的帽翅，象征"回头有官"，所以又叫官帽厅。

一个地区建筑文化的形成是当地历史文化的积淀和自然环境相互影响和作用的结果。春在楼建筑雕刻表达了楼主人对幸福生活的向往和追求，同时也显示了建筑工匠的智慧和技巧。春在楼是江南地区建筑雕刻的代表作，它对中国近现代的雕刻史、民居建筑、民俗文化都具有很高的研究价值。

图9　雕花楼木雕局部　　图10　两扇漆黑大门上的青铜雕饰拉手称为金雕，由菊花瓣、如意和六枚古钱币形组成，喻义伸手有钱

「佛教建筑」

伍

【清代广州长寿寺西园考】 [一]

何韶颖·广东工业大学建筑与城市规划学院
汤　众·同济大学建筑与城市规划学院

摘　要：佛教寺院是清代广州重要的公共活动场所，"五大丛林"之一的长寿寺，以其特立独行的住持和尚及其营建的西园，吸引了文人士绅广泛的关注，备受赞誉。为了更深入地理解佛教寺院在清代广州城市生活中所起的作用，在研读文人士绅对长寿寺西园的大量诗文描述基础上，尝试对长寿寺西园进行全景意象复原。

关键词：清代　长寿寺　西园

[一] 教育部人文社会科学研究青年基金项目，项目批准号：11YJCZH052。

广州是佛教传入中国的一大门户，自西晋始建佛寺到清末，先后出现过大约一百六十多所寺院。清代是继唐代之后广州佛教寺院发展的又一高峰期，寺院以各种方式参与到城市生活中，成为清代广州重要的公共活动场所，其中尤以"五大丛林" [二] 最具代表性。这五座寺院中，长寿寺以其颇具争议的住持大汕和尚及其营建的寺院园林吸引了众多的关注，成为清代广州佛门一道别样的风景。

133

[二] "五大丛林"，即光孝寺、华林寺、海幢寺、长寿寺、大佛寺。

光绪三十一年（1905年）四月，两广总督岑春煊以"有伤风化"为名，下令拆毁寺庙，没收寺产，并将地产拍卖。自此，长寿寺湮没，除地名外痕迹全无。但当年常在此聚会吟唱的文人骚客，留下众多描写长寿寺西园的诗文，全面描述了西园的景观。鉴于长寿寺在清代广州的活跃地位，为了更深入地理解佛教寺院在清代广州城市生活中所起的作用，本文通过研读这些诗词歌赋，尝试复原长寿寺西园的盛状。

一　长寿寺的历史沿革

长寿寺，位于今广州市西关长寿东路（图1）。明万历二十四年（1606年），巡按御使沈正隆于广州城西南五里顺母桥故址，建"长寿庵"。当时地仅八亩，庵内建有供奉观音的慈度阁、妙证堂、临漪亭以及左右禅房。

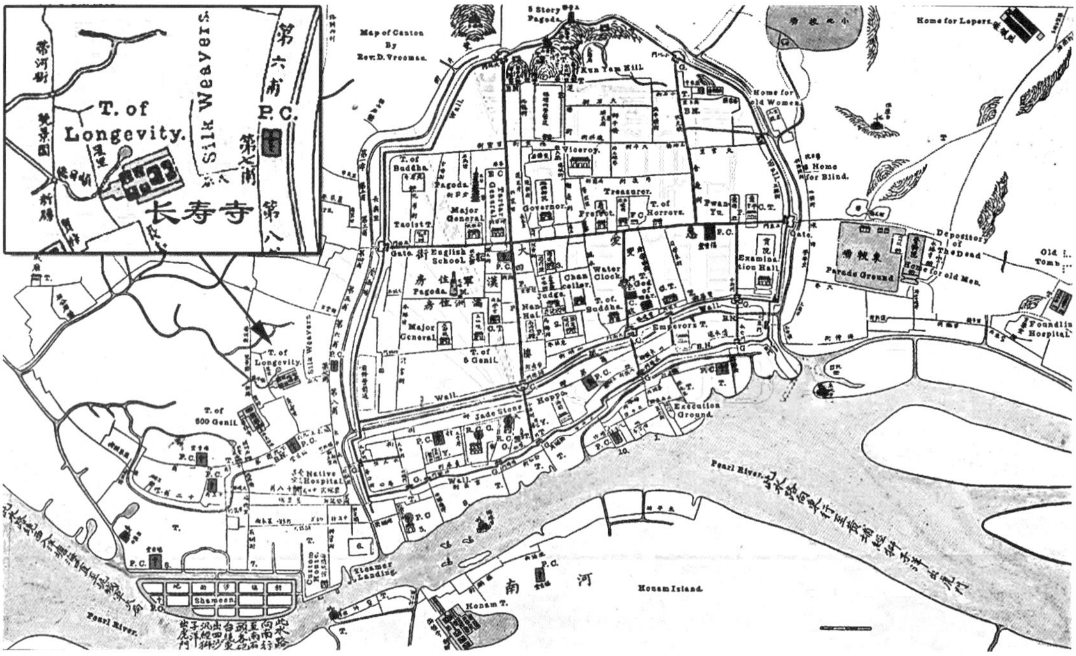

图1　1890年广州地图上的长寿寺[一]

康熙十七年（1678年）冬，大汕和尚在平南王尚可喜的支持下，当上了长寿庵的住持，并把寺院改称为"长寿禅院"，由平南王府拨白云山及清远峡山飞来寺田产供养。大汕不断对长寿寺进行扩建改造，在寺内大兴土木，广种奇花异卉，并利用各种渠道获得的巨额布施，修建了著名的西园。在大汕和尚的苦心经营下，长寿寺声名日益远播，跻身广州"五大丛林"之列。

二　石濂大汕和尚

作为一个备受争议的人物，大汕和尚对长寿寺的影响举足轻重。大汕（？～1704年），俗姓徐，字石濂，法号大汕，又称厂翁和尚。16岁落发为僧，皈依江宁（今南京）曹洞宗著名高僧觉浪道盛。曾以行脚僧的身份到处游历，结交了一批遗民高士。至迟在康熙二年（1663年），大汕游方岭南而定居广州，与当时岭南著名文士屈大均、陈恭尹、梁佩兰等相识并成为密友。通过平南王府幕客、浙江同乡金公绚的关系，大汕得以入住以平南王为大檀越的广州大佛寺。康熙十七年（1678年）冬，被迎请为长寿寺住持。大汕本人极具才气，擅长书法绘画，工诗文，且精通园林和家具设计。在粤期间交游极为广泛，既与上层官员和文人士绅交往密切，也与明末故臣往来甚密。康熙三十四年（1695年），大汕应越南顺化阮氏政权阮福周之请，至越南顺化传法，并被奉为"国师"，广受当地王公贵族的推崇，在越期间所得布施甚巨。次年秋返回广州后，将在越南的所见所闻和自己所作诗文编成《海外纪事》一书，于康熙三十八年（1699年）付梓刊行。回国之后，依然与阮氏王府保持密切联系，且有通洋之举，继续获取巨额的捐助。其所得布施，不仅用于修建寺院，还对流寓广州的文人多有救济。

此后不久，其旅粤同乡、顾炎武侄子潘耒，对大汕作出"讪上"和敛财图谋不轨等各种指控。而当时大汕的靠山尚藩势力已经衰落，屈大均等人也与之交恶，社会舆论哗然。按察使许嗣兴将大汕逮捕，并于康熙四十一年（1702年）将其押解至赣州山寺。大汕在赣州两年，继续在当地传法。因"皈依者众"，康熙四十三年（1704年）江西巡抚李基和又将他驱逐，押解回浙江原籍，客死于押解途中的常州[二]。

由上述的生平介绍可知，石濂大汕其人个性极为张扬，佛门清规对于他并不成为外在的束缚。由于他的才华横溢和不羁的性格，使他主持下的长寿寺，呈现出与别寺不一般的景象。

三 长寿寺西园

（一）周边自然环境

长寿寺所在的西关地区，清初是以农田和池塘为主的城郊，一派自然田园景象，河道纵横，东面是西濠，南面是珠江，西面是上下西关涌。寺院周围是种植水蕹菜（通菜）的水田和鱼塘。屈大均有诗描写道："尉陀城边长寿里，古寺前临白鹅水。家家蕹菜有浮田，处处鳊鱼归大市"[三]。清中期以后，寺院周边发展了成规模的纺织机房区，成为当时广州重要的工商业区。

（二）园林总体格局

大汕和尚及王士禛、屈大均、陈恭尹、何绛、梁佩兰、吴绮、徐金九等清代文人留下众多描述长寿寺园林景观的诗文，通过研读这些诗文，可以了解长寿寺西园的总体格局及建筑形式。

王士禛《广州游览小志》中对长寿寺的总体格局有较为详细的介绍："长寿庵，在西郭外、创于万历间，禅人大汕石濂重新之。汕能诗画，营造有巧思。寺西偏有池，通珠江，水增减应潮汐、池北为半帆，循廊曲折而东为绘空轩，轩前佛桑、宝相诸花，丛萃可爱。由半帆并池而南，缘岸皆荔枝、龙目，池之南为怀古楼，高明洞豁。其下为离六堂，水木清华，

[一] 图片来源：西方人所绘，原图藏于国家图书馆。

[二] 广东省佛教协会，大汕[EB/OL]. http://www.gdbuddhism.org/show.asp?id=380, 2010.08.04.

[三] 欧初、王贵忱主编：《屈大均全集》（一）[M]，人民文学出版社，1996年版，第149页。

房廊幽窈，如吴越间寺。"[一]根据这段叙述，以及其他文人对于西园内"小园十二观"（离六堂、怀古楼、绘空轩、云半阁、半帆亭、木末亭、月步台、招隐堂、响泉廊、老榕团、淀心亭、尺木桥）的诗文描写，可以推断出长寿寺西园的总体格局：

西园占地宽广，中心区是西水池，池中有小浮山，池水连通珠江，能随江水潮汐而升落；池南为依水而建的离六堂，是园内的主体建筑，其上是怀古楼；池北有半帆亭并有曲廊向东连接绘空轩；池西则有月步台；响泉廊跨越在西水池西接珠江的水流之上；较远处竹林里有云半阁；云半阁位于两方水池的夹持之中，其中一方是荷花池，淀心亭立于其中；西水池与荷花池连通处卧着尺木桥；岸边树林里有木末亭；招隐堂在枫树桂树丛中；园中花草树木繁盛，有一棵老榕树独木成林，树荫遮天蔽日。

（三）主要园林建筑

长寿寺西园主要建筑包括怀古楼、离六堂、绘空轩、招隐堂等四大堂榭，以及云半阁、半帆亭、木末亭、淀心亭、月步台等亭台楼阁。

离六堂

离六堂是长寿寺园林建筑群中最主体的建筑。陈恭尹在《离六堂》诗中有道："空常临静沼，幽事属我侪。对此一方水，悠然千里怀。"其另一首记录文人雅集离六堂的诗又描述道："十二栏干砌碧瑶，四周流水入紫纡。似登海蜃烟中阁，同探骊龙颔下珠"[二]。

由王士祯的记述及以上诗文可以了解到，离六堂在西水池南边的一个高阁之下，有绿色琉璃栏杆，四周流水环绕。因其为长寿寺园林的主体建筑，推断规模不会小于五开间。

怀古楼

离六堂之上的高阁就是怀古楼。王士祯《香祖笔记》云："广州城南长寿寺有大池，水通珠江，潮汐日至，池南有高阁甚丽，可以望海，其下曰离六堂……"[三]。陈恭尹《怀古楼》诗云："长吟登宝地，永望极南天。古意日寥廓，高楼风悄然。江明波浩浩，渚绿叶田田。俯仰自千载，浮生无百年"[四]。

由上述可知，怀古楼与离六堂共同组成一座二层楼阁，建于西水池的南边，楼上有回廊，可供人们登高怀古，凭栏远眺。当时在怀古楼上可以看得很远，能看见东面的城墙和北面远处的白云山，还可见珠江的浩浩江波自西南流过。

绘空轩

王士祯的记述中提及绘空轩在西水池东

图2　1860年瑞士摄影师罗西尔拍摄的长寿寺中一亭

侧，有曲廊连接池北的半帆亭。何绛《绘空轩》诗首云："东林方丈室，日出何瞳瞳。"[五]长寿寺主体殿堂在园林东面，绘空轩位于殿堂区与园林的交界处，是长寿寺的方丈室。

大汕在绘空轩接待来宾，更多时候在此修行。大汕有诗句描述绘空轩："不隔鱼盐市，西畴有竹林"可知绘空轩位于竹林中；"夜雨生秋水，寒塘照客心……隔岸芙蓉雨，虚堂夕照香"[六]，可知绘空轩面临一处荷塘。作为方丈室，建筑规模不会很大，面阔三间足够。绘空轩既用于方丈日常起居，也用于会客，因此可推测其有前后套间，前堂会客，后室起居。

云半阁

云半阁是全寺最高的建筑。关于其层数，陈恭尹《云半阁》诗有比较写意的描述："石门如带水，西日射波红。更上高楼望，方知沧海东。"其中"更上……"一句可推断其高度不止二层。大汕在《楼居谩兴百咏（序）》中也有"云分半阁，更上一层"[七]的说法。

吴绮《云半阁》诗："孤阁凌空出，栏杆倚古藤。但容云借住，每为月同登。烟海碧无际，寒山青有层。此身真百尺，豪亦我所能"[八]。诗中传达了云半阁的气势，从中可以看出其周围比较空旷，上有栏杆（回廊），可凭栏远眺城北的山色。

大汕《悼亦尔侍者》诗云："忆结山楼同种竹，题诗煮茗共伊分。谁知竹长楼成日，一半房空与白云。"从诗中可看出云半阁周围亦有竹林；《楼居谩兴百咏》中又云："三间云半阁，便是读书堂"[九]，可以看出高阁上层为三开间，这也符合楼阁瘦高的比例。

招隐堂

西园中有一招隐堂，为大汕接待和周济生计艰难、留寓岭南的明遗民隐士。在招隐堂中，大汕经常召集文人士大夫前来结社赋诗唱酬。陈恭尹《招隐》诗云："疏泉开静社，刘棘敞重关。"[一〇]吴绮的《招隐室（堂）》更具体描写了招隐堂的环境："秋风开一境，幽绝已无伦。薜荔难为伴，菰芦大有人。波光摇素辟，花影隔红尘。蕙帐空相待，岩边老桂春"[一一]。可见招隐堂为一"静社"，建在疏泉旁，周围植有枫树和桂树丛。

半帆亭

前已提及，半帆亭在西水池北，有曲廊往东连接绘空轩。陈恭尹《半帆》诗云："朱栏低拂水，隔岸见林阴。十亩发菡萏，一双飞翠禽。虚舟

[一] 王士禛:《广州游览小志》[M],齐鲁书社,1996 年版,第 4 页。

[二] 陈恭尹:《独漉堂集》[M],中山大学出版社,1988 年版,第 354 页。

[三] 王士禛:《香祖笔记》[M],上海古籍出版社,1982 年版。

[四] 同注 [二],第 487 ～ 490 页。

[五] 何绛:《不去庐集》(卷八)。

[六] 大汕:《季伟公、彭子安过绘空轩有作和韵》,《离六堂集》卷七,清康熙三十五年刻本。

[七] 大汕:《悼亦尔侍者》、《楼居谩兴百咏》,《离六堂近稿》,清康熙三十五年刻本。

[八] 吴绮:《云半阁》、《招隐室（堂）》、《木末》、《林蕙堂全集》卷一六。

[九] 同注 [七]。

[一〇] 同注 [四]。

[一一] 同注 [八]。

无去住，云壑有高深。为报秦人洞，知予遁世心。"[一]可见半帆亭是临水而建的一个亭子，很接近水面，外围有朱红色栏杆。

清末（1860年）瑞士摄影师罗西尔（1829～1883年）拍摄的长寿寺老照片中有一亭（图2），颇为华丽，应该就是半帆亭。

木末亭

木末是指树梢，亭子取名木末或许亭子建在高处。然陈恭尹《木末》诗云："芙蓉芳不染，灼灼出清澜。自入骚人赋，真从木末看"[二]，吴绮《木末》诗中也有"临波空影淡，到岸乱香浮"[三]，都表明木末亭在一芙蓉渚旁，即荷塘边。在金陵故都曾有一木末亭，大汕在西园中建亭取名木末，该是寄托了故国之思。

淀心亭

陈恭尹诗云："碧天为上下，中结一茅茨。柱以茏葱竹，环栽白玉枝。人来桥影报，风过水纹知。有客倦方倚，莺声还唤谁？"[四]何绛也有诗云："小亭叙向水，石路绕回廊。鹅过溪桥静，门空菡萏存。钟声清滞虑，草色引微凉。自到林中住，诸缘欲渐忘。"[五]

可见淀心亭建于水池中央，水面反映一

图3　清代广州长寿寺西园全景意象复原图

碧天色；亭子有桥连接至岸边，按中国传统园林做法很可能是曲桥，类似上海豫园的湖心亭与九曲桥。

月步台

大汕《种树行》有云："长寿有水注西池，池边筑台名月步。四围壁立无阶梯，林下微通一线路。约略方停半亩间，高不至亢下不污。"[六]说明月步台是西水池边一临水平台，四周无阶梯，林间月下漫步即可登台，高度只是能保不被荒草掩没而已。

在月步台可临水赏月。陈恭尹诗云："空阶宜晚步，步步影随人。回首青天外，西飞月一轮。银蟾元不没，仙桂自长春。晦朔犹生死，人天总未真。"[七]

（四）西园全景意象复原图

长寿寺虽然已经拆毁，但前述大量的诗文将长寿寺园林描绘得栩栩如生，可以据此进行想象复原。但由于现场已无遗迹可考，诗文也是写意为主，并非客观记录，因此无法绘制准确的建筑图。在参考了各种寺志文献画集的基础上，本文以全景意象图的方式尝试给出长寿寺园林的整体意象，以供大家研讨（图3）。

画面中以西水池为中央，按上北下南左西右东方位围绕西水池绘制离六堂、怀古楼、半帆亭、曲廊、绘空轩和月步台这些在诗文中定位比较明确的建筑。响泉廊隐约在图左树木之后，尺木桥则在半帆亭侧跨越连通另一水池的小河之上。云半阁最高且不止二层，又得"夹两池之明月"，便置于画面上端，侧旁为另一水池。因西水池内已有小浮山，因此将淀心亭置于另一水池之中。招隐堂也更为靠后布置，木末亭仅于树梢露一尖顶。需要申明的是，此复原图仅根据诗文描写推测，并无遗址考古依据，一些定位模糊的园景以注重画面构图之均衡来布置谋篇布局，具体建筑形式则按照当时江南园林建筑风格参考国画写意方式绘就。

四 长寿寺西园的造园艺术特色

大汕来自苏吴之地，深受江南文化的影响，其营建的长寿寺西园被誉为清代广州最出色的苏式园林。从诗文的描写中，可以得知长寿寺西园的造园艺术颇具特色：

（一）因地制宜，充分利用自然河涌水网

广州地处珠江三角洲，尤其是西关地区，河涌水网纵横。从诗文中可

［一］ 陈恭尹：《独漉堂集》[M]，中山大学出版社，1988年版，第487～490页。

［二］ 同注［一］。

［三］ 吴绮：《云半阁》、《招隐室（堂）》、《木末》，《林蕙堂全集》卷一六。

［四］ 同注［一］。

［五］ 何绛：《不去庐集》卷八。

［六］ 大汕：《悼亦尔侍者》、《楼居谩兴百咏》，《离六堂近稿》，清康熙三十五年刻本。

［七］ 同注［一］。

知，长寿寺西园水景颇多，至少有三处水池及双渠。这些水景推想应是由原来自然地貌中的洼地改造而成的。

其中最大的水池是西水池。由图4可见，与珠江相连的上西关涌延伸长寿寺西侧，西水池便是与此河涌连通，池水顺应珠江潮汐而增减，自然气息盎然。王士祯应邀为此题联："红楼映海三更日，石濑通江两度潮"。西水池与上西关涌连接之处，响泉廊便横卧其上。

图4　长寿寺周边环境

此外，根据大汕在《楼居谩兴百咏》介绍云半阁诗文中"双牖互开，夹两池之明月"[一]一句，可知云半阁位于两个水池之间，在阁的两侧能分别看到两个水池中倒映的明月。

除了水池，西园内还有双渠。梁佩兰《长寿寺十咏》的第九咏有："木末芙蓉渚，双渠引溉长"[二]指出，在荷花池边的木末亭旁，有双渠流淌。

（二）叠石假山，独具匠心

作为西园的核心池，西水池中有长寿寺园林之精华——"小浮山"。王士祯十分赞赏西园西水池中的小浮山，其《分甘余话》卷三《奇石》条有云："广州府城西长寿房离六堂侧池上有石一株，云产七星岩。其色黄如蒸粟，莹润如蜜蜡琥珀，稍有皴纹，高可三四尺，真奇物也"。

大汕《小浮山赋（有引）》云："余驻锡长寿，因病投闲……于是收神运谋，畚土垒石于半帆池中，构小浮山，以希大浮山踪迹焉。"其赋文中详细记述了他建小浮山的过程："……爰垒山与叠石，像浮岛乎巨洋……于是激清澜，塞堰埭，树祷撅，淤砂礅，筑重基于池底，凌千仞乎一篑。"做完这些基础工作，大汕非常精心地挑选和加工假山的用石："然后选英州之石，凿灵璧之峰，或崂峋以碌珂，或岣窍以玲珑，或斧劈以剥烂，或披麻以蒙茸，或雨点而细碎，或云卷而穿窿，或飞凫而舞鹤，或卧虎而立熊。"而且还精心布置"倚伏随势而布置，参差遇巧而呈工"[三]。

大汕在构思叠石时，广泛参据厂宋元以来山水画巨匠的遗产。大汕在赋中写道："仿河洋之笔意，慕叔明之墨踪。云林脱藁，松雪摅胸，荆童（同）关浩，北苑南宫，摩诘精妙，巨然神通。纷参错以齿齿，骈层叠而重重。翩群峦之互耸，陡孤峭以特崇。衍平坦而作坡，启空洞而为碕……尔乃径穷路绝，石梁横亘于其隘；峰回涧转，蛟螭潜隐于其汇。度略约而弥遥，俨蓬壶之向背。"

大汕极重视珍石佳峰的建构，除群体叠石组合成假山之外，还立有供单独观赏的兼具"透、漏、皱、瘦"而玲珑剔透的奇石。

（三）植物配置，营造四时景色

仅靠园林建筑和山石，难以营造出"曲径通幽处，禅房花木深"的效果，因此植物配置是中国园林造园艺术中重要的一笔。长寿寺西园中植物在种类和数量上都很丰富，不仅有老榕团一景，花信频来也给长寿寺西园带来了动感与生机。

广州素有"花城"之称，花无月令，一年四季百花争艳。屈大均的"元夕芳菲，已逐流莺乱枝上。"[四]黄登的《长寿偶兴》亦有一句："几回花雨落纷纷"，都描写了长寿寺中的缤纷花事。长寿寺西园中各处都有不同花卉次第开放。绘空轩前"佛桑、宝相诸花，从萃可爱"[五]；怀古楼下"碧桃近水花开早"；而双池之内各景观旁都有"芙蓉芳不染，灼灼出清澜。"[六]作为花中之君子的梅花更不能少，大汕《离六堂近稿》中有大量咏梅诗。

除了四时花卉，与梅花并称"岁寒三友"的松、竹亦是不可或缺。西园的竹林见于各处，绘空轩、云半阁等都建在竹林之中。此外，诸多诗文中记载西园中还植有荔枝、龙目、香榆、桧树、桂花树、杏树、槐树、柳树、菩提树等多种乔木和灌木，可谓种类繁多，搭配得宜。

141

五 结 语

大汕既是颇有造诣的诗画大家，也具有惊世的造园才华。长寿寺西园在清代广州文人士绅当中备受赞誉。本文此番描绘仅能作为读书心得之示意，定不能尽展西园之真容，引玉之砖，一得之见，谬误之处还望各方人士多与指教。

[一] 大汕：《悼亦尔侍者》、《楼居谩兴百咏》、《离六堂近稿》，清康熙三十五年刻本。

[二] 梁佩兰：《六莹堂集》[M]，中山大学出版社，1992年版，第219页。

[三] 同注[一]。

[四] 屈大均：《洞仙歌》(长寿禅室瓶花)，《翁山诗外》卷一九。

[五] 王士祯：《广州游览小志》[M]，齐鲁书社，1996年版，第4页。

[六] 陈恭尹：《独漉堂集》[M]，中山大学出版社，1988年版，第487～490页。

【从保国寺大殿看宋辽时期的藻井与佛殿空间意向】

邹　姗·东南大学建筑研究所

摘　要：藻井对空间序列具有暗示组织的作用。在宋辽时期，以南北地域为划分，藻井与佛教建筑空间的组合形态呈现明显差异，这是由于建筑技术、空间概念乃至宗教仪轨、教派教义等各方面的差异导致。其中保国寺大殿藻井代表了江南地区藻井与佛殿组合的典型范式。本文以之为切入点，梳理出藻井与佛殿空间格局在宋辽时期的地域性和时代性特点，解读各自的历史渊源。

关键词：保国寺　宋辽时期　藻井　空间意向

藻井的主要内涵之一是对空间序列的暗示组织，强调空间重点。尤其是在重要的高等级的建筑中需要配置藻井——如宫殿、明堂、佛殿等，此外，后世藻井也被广泛地用于戏台、献亭等建筑中。而在宋辽时期保留了大量设藻井的遗构，其中既有木作也有砖石作，但主要都属于佛教建筑（包括佛殿和佛塔）。藻井在佛教建筑中的应用早至东汉以前[一]，它对佛教建筑空间意向的形成具有重要的意义；而在不同的时间和空间范畴内，藻井与空间的结合形态各异，这种现象反映了建筑技术和空间概念的差异，而空间概念的差异又在更深层面上折射出不同宗教仪轨、教派教义的影响。

宋辽时期的佛教已经进入了高度汉化阶段，持续朝世俗化方向发展，而同时仍然保留了唐代宗派佛教的发展脉络，尤其值得注意的是在南北地域之间佛教本身的差异化发展。在此背景下，我们可以注意到该时期南北地域的佛殿空间格局、藻井布置等方面均有明显差异。其中保国寺大殿藻井以其复杂多变的组合形制、瑰丽的风格及其与特有佛殿空间格局的呼应，成为江南地区藻井与佛殿组合范式的典型参照。

本文将以之为切入点，借而梳理出藻井与佛殿空间格局在宋辽时期的地域性和时代性特点，解读各中历史渊源。

143

[一]　如文献《资治通鉴·后汉纪》曾记载"汉吏部侍郎张允……允匿佛殿藻井之上，登者浸多，板坏而坠"。

一 保国寺大殿藻井的平面布置与空间意向

保国寺大殿的藻井布置与空间意向是宋辽时期尤具特色的一例。其最突出特点是前后两部分空间的划分，在前部三架空间安置藻井天花，后部三架空间作彻上明造，根据瓜棱柱、梁枋细部做法等线索，更可知大殿的原初设计为前进开敞、中后进封闭的形式[一]。其中前进为开放礼佛空间，中后进设佛坛，为佛像和绕佛空间（图1）。藻井与

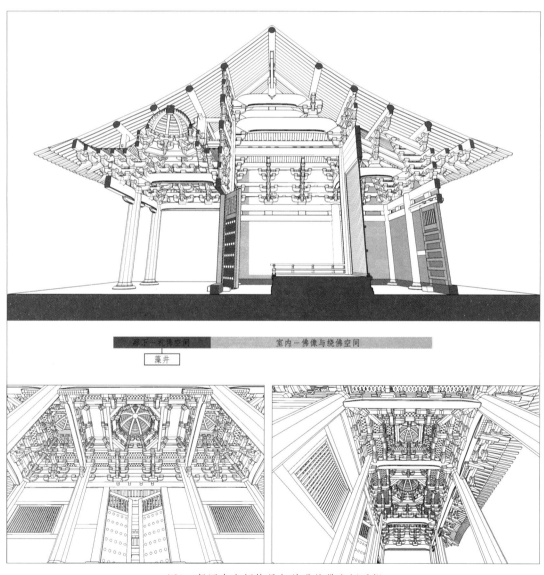

图1 保国寺空间格局与前进礼佛空间透视

天花是前进结构中最突出的部分，强调了前后两个空间序列的差异以及前槽礼佛空间的重要性。藻井设置与厅堂构架的互动关联，是保国寺大殿厅堂做法上一个显著特色。

保国寺大殿对前进空间的强调主要有三方面的表现：

（1）以藻井天花装饰前进空间：保国寺大殿藻井一组共三个并置，一大二小，结合平棊构成完整的天花形象，将之充满整个前进空间，同时结合大木作的兜圈铺作层，为前进的礼佛空间带来了丰富强烈的装饰效果。

（2）前进空间的开敞（图1）。

（3）前进空间的扩大：主要表现为前进进深与心间间广的增大，通过对将井字形结构原型的2-4-2椽架分配调整为3-3-2，增加步架数来加大前进进深，从而获得礼佛空间规模的拓展[二]。3-3-2间架结构本是江南方三间厅堂构架的一个定式，同时见于武义延福寺、金华天宁寺等，是基于扩大前槽空间目的而产生的间架模式。

以上三个方面均以强调前进礼佛空间为共同目标，三者是出于同一目的驱动而形成的相互独立的设计过程，但三者在实现过程中又必然相互制约和影响。前后布置的空间格局是保国寺大殿藻井实现的基本前提，大木作构架伴随前进空间扩大而调整，3-3-2间架结构正为保国寺大殿前槽设置天花斗八藻井提供了合适的构架空间和条件；前槽天花藻井的设置，反过来影响了大殿前三椽与后五椽的空间形式。

二 宋辽时期藻井的平面布置与空间格局探析

（一）藻井的平面布置

藻井在佛殿中的平面布置可以分为同礼佛空间结合、同佛像空间结合两种：

宋辽时期北方的藻井实例均是位于佛像空间上方，如独乐寺观音阁、薄伽教藏、应县木塔、善化寺大殿、易县开元寺二殿以及正定隆兴寺摩尼殿等（图2、图3），其中辽式一型藻井的安放更是常常将巨大的佛像与藻井作为整体协同设计。另外如唐代道释所著《法苑珠林》记"京师慈恩寺僧惠满在塔行道，忽见绮井覆海下一双眼精光明殊大通"[三]，可见藻井也是位于佛像之上。在此体系中以佛像空间为主体和装饰重点，礼佛空间居从属地位。

以藻井凸显尊贵是汉地早已有之的建筑传统，是对帐幄、华盖意向的转

[一] 详见参考文献 [五]，研究篇，第二章《前廊开敞的空间形式》。

[二]《宁波保国寺大殿》中将用直保圣寺大殿的 2-4-2 间架称为江南厅堂间架构成的基本型，保国寺大殿的 3-3-2 间架称为演化型，这两者都是宋元时期江南方三间厅堂的主要间架构成形式（参考文献 [五]）。

[三]《法苑珠林》载："京师慈恩寺僧惠满在塔行道，忽见绮井覆海下一双眼精光明殊大通，召道俗同视，亦皆懔然丧胆更不重视。"绮井、覆海均是藻井别称（参考文献 [一]）。

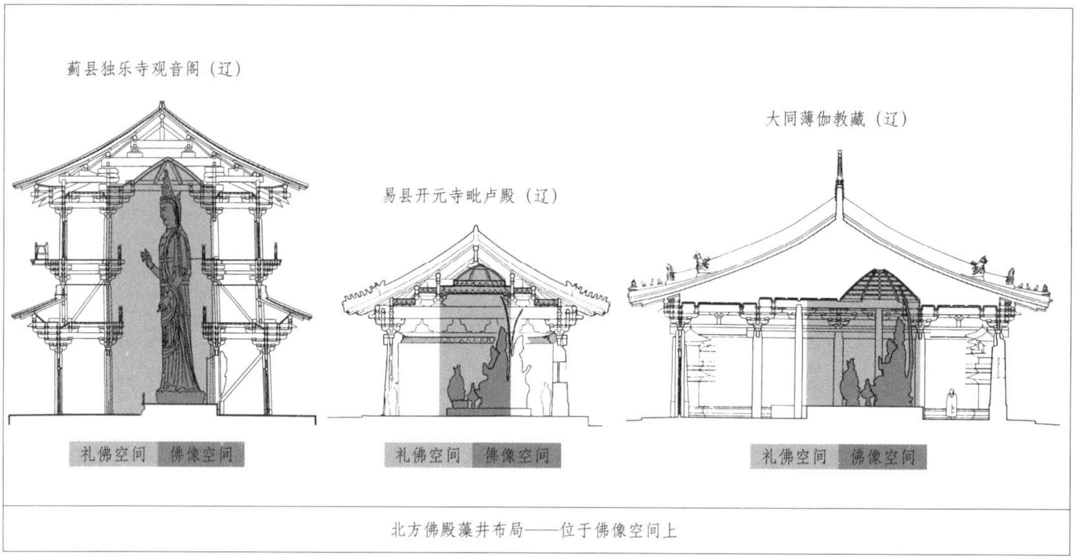

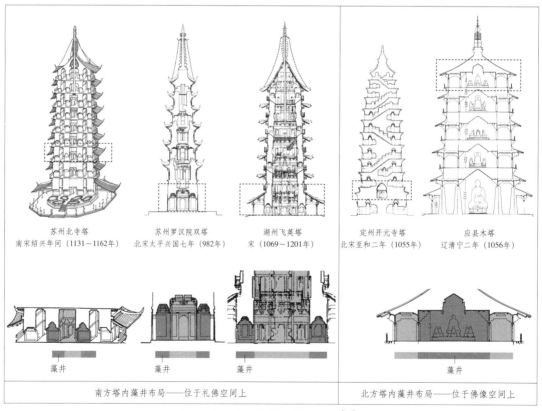

蓟县独乐寺观音阁（辽）

易县开元寺毗卢殿（辽）

大同薄伽教藏（辽）

礼佛空间　佛像空间

礼佛空间　佛像空间

礼佛空间　佛像空间

北方佛殿藻井布局——位于佛像空间上

图2　北方佛殿中藻井布局[一]

苏州北寺塔
南宋绍兴年间（1131～1162年）

苏州罗汉院双塔
北宋太平兴国七年（982年）

湖州飞英塔
宋（1069～1201年）

定州开元寺塔
北宋至和二年（1055年）

应县木塔
辽清宁二年（1056年）

藻井　　　　　藻井　　　　　藻井　　　　　　　　　　　藻井

南方塔内藻井布局——位于礼佛空间上　　　　　北方塔内藻井布局——位于佛像空间上

图3　南、北方佛塔中藻井布局[二]

译继承，藻井与佛像的组合既是外来宗教与本地传统的结合，另外也是出于本时期佛像布置风格的要求：佛教传入中国后造像配置从单尊佛像向组合佛像演化[三]，尤其在隋唐时达到群组造像风潮的顶点。如佛光寺大殿，共设五铺佛像，每铺5-7身像，共置在一个大佛座上。当多铺佛像并置时，固然可以通过大小和位置区分主次，而通过藻井、佛帐等手段能更好地区分各铺佛像间的界限。如麦积山石窟第4窟正是把一铺七造像置于佛帐中，法隆寺金堂内的华盖也是起类似的作用；以藻井同群像配合者则以辽代的薄伽教藏为最明显之例[四]。

与北方地区不同的是，南方的藻井多位于礼佛空间上方，佛像空间则配合以彻上明造或平棊。典型者即如保国寺大殿藻井，另有苏州报恩寺塔、湖州飞英塔中的藻井布置也都在内室四向通至外环的过道小室内，安放佛像的内室却只用平棊装饰，其简繁之别也是强调礼佛空间之意，此外苏州的罗汉院双塔[五]、临安的功臣塔[六]均可见类似的布置，只不过将斗八藻井简化而已（图3）。即使在建筑中不用藻井，也会以局部天花的布置来体现对礼佛空间的强调，如罗源陈太尉宫、华林寺大殿等。

可见南方建筑体系中总是礼佛空间为装饰重点，佛像空间反不如之，以前者更重于后者。这似乎有违于对佛像的尊崇，实则与宋元时期南方地区在佛教教义阐释、佛教仪轨安排等方面的地域性发展有关[七]。

在《营造法式》斗八藻井制度中，规定：

"斗八藻井……施之于殿内照壁屏风之前，或殿身内前门之前平棊之内"（小木作制度：斗八藻井）。

"小斗八藻井……施之于殿宇副阶之内"（小木作制度：小斗八藻井）。

可知藻井的位置有三：（一）在殿内照壁屏风之前，正如北方常见的在室内背屏之前佛像之上；另外在小木作制度"佛道帐"条目下规定在帐身之内作斗八藻井，也属同一类型；（二）殿身内前门之前、平棊之内，此种情形恰与保国寺大殿藻井的布置吻合；（三）在副阶之内。其中第一种同北方与佛像空间结合之类，第二、三种属江南与礼佛空间结合之类，不过按殿身和副阶的区别采用一般斗八和小斗八藻井两种形式——也就是说《营造法式》同时兼纳了北方与南方两种藻井的布置方法。

从金代开始，北方地区也出现将藻井布置在礼佛空间之例，最早为金天会二年所建的应县净土寺，但不同于南方仅仅将藻井置于礼佛空间者，净土寺同时在佛像上部和礼佛空间两处都布置了藻井，而且以佛像上部的

[一]《中国古代建筑史》第三卷，中国建筑工业出版社，2009年版；王蕊佳：学位论文《河北易县开元寺研究》。

[二][宋]宗晓：《四名尊者教行录》，王坚点校，上海古籍出版社，2010年版。

[三]以敦煌石窟为例，北魏至西魏时期窟洞的龛内多为单尊佛像或菩萨，或至多配供二菩萨，北周开始出现弟子造像，至隋唐时期开始列置以佛为中心的群像，两侧侍立弟子、菩萨、天王、力士以及供养菩萨，少者三五身，最多达28身，每组佛像称为一铺。

[四]群塑的像设手法在唐辽时期达到巅峰，自宋辽时期开始，佛教像设反而出现简化趋势，菩萨、弟子、天王等配侍逐步减少，以一佛二菩萨为常见配置。

[五]苏州罗汉院双塔，建于北宋太平兴国七年（982年）（参考文献[六]）。

[六]临安功臣塔，建于五代初（参考文献[八]）。

[七]巨凯夫，《上海真如寺大殿形制探析》一文中曾经就注意到了中国北方及日本的遗构同江南真如寺在天花布置上的差异，提出真如寺大殿的佛域空间事实上只是一个"安放佛像的功能性空间"，"暗示了佛在礼佛者意识中形态的微妙变化。"（参考文献[九]）。

147

藻井作为重点装饰对象，可见佛像空间的地位仍然高于礼佛空间（图4-1）。北方虽然以佛像空间重点装饰为传统，但后来在辽金之际出现礼佛空间装饰增强的趋势，其中既有可能是北方自身对礼佛空间愈发重视引起的改变，也有可能是受到南方传统的影响。

北方的藻井布置在辽金时期以后始终存在多样化的情况，佛像空间和礼佛空间同时布置藻井的做法延续至元明时期，如元代官式建筑的永乐宫三清殿和纯阳殿，且此二殿

礼佛空间上空的藻井形制更复杂高级；另外大部分实例则仅在造像上空置藻井，如明中期的济源阳台宫大罗三境殿[一]。

建炎二年兴建的广饶关帝庙大殿[二]是北方宋辽时期仅于礼拜空间布置藻井天花的唯一例，虽然殿中天花已经无存，但其前进间的铺作之上留有布置天花用的算桯枋，从算桯枋的布置看与保国寺大殿的前进间非常相似，可以推测其原初状态应该也是藻井和平棊相结合的形态，而中进和后进间据目前构

| 1. 应县净土寺心间前进藻井 | 2. 应县净土寺心间中进藻井 | 3. 净土寺藻井布置平面示意 |

图4-1　应县净土寺藻井布置[三]

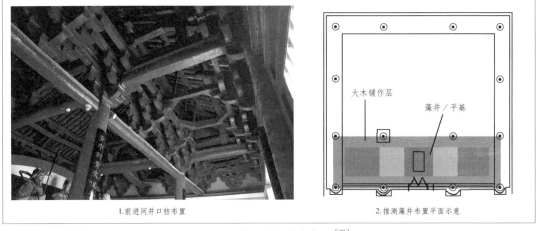

| 1.前进间井口枋布置 | 2.推测藻井布置平面示意 |

图4-2　广饶关帝庙藻井布置[四]

架形态推测当为彻上明造（图4-2）。但自此例以后北方再无这种做法，即其终究没有被北方体系接纳。

从《营造法式》和广饶关帝庙来看，北宋晚期的中原地区曾短暂认可了在礼佛空间置藻井的做法，这暗示了北宋晚期，南方建筑样式对北方的影响；但从元明建筑的天花布置来看依然属宋辽北方一系，可见这种南方影响止步于北宋晚期，并没有在北方得到延续。

以藻井强调前部空间在南方地区一直沿用到明清，其中除了宗教仪轨的影响，也有可能是出于对南方气候的适应[五]。如至正年间苏州大成殿扩建时记载："伉南甍而增作新轩……功其制三间……藻井中斋八瓠，齐致金鳞锦羽蛟拏鸾鸶文版"[六]——此即在前部空间布置斗八藻井之例。另如罗源陈太尉宫的山门（图5），也是在前进廊下并置大小三个藻井，反映了这一传统在南方地区的延续。

图5-1　大同善化寺大殿

图5-2　浑源永安寺大殿

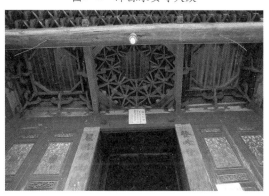

图5-3　罗源陈太尉宫山门

图5　南北方局部天花布置实例

[一] 详见参考文献［七］

[二] 广饶关帝庙建于南宋建炎二年（1128年）。据《宋史》和《建炎以来系年要录》可知，虽然北宋在1127年已经覆灭，但当时广饶却一直处在宋政府的控制下，直至建炎三年（1129年）正月金兵才攻陷广饶所在的青州地区，在此之前青州地区尚有红巾军在组织抗金斗争。广饶关帝庙正是在此沦陷前夕的抗争阶段中建立起来的，虽然当时局势比较动荡，但以忠义报国为主要内涵的关羽信仰在北宋末年得到官方的大力推广，在此情势建设一关帝庙以鼓舞士气还是合乎常理的。由以上的建设背景可知，广饶关帝庙建于南宋初年，实际仍然是北宋建筑体系的延续。

[三] 刘敦桢：《河南省北部古建筑调查记》，《刘敦桢文集》，1984年版。

[四] 颜华：《山东广饶关帝庙正殿》，《文物》1995年第1期。

[五] 除了以藻井强调前部空间，更多是以轩的形式来强调前部空间，这两张做法都有明显的南方特点，之间存在一定的呼应关系。

[六] 详见《建大成殿轩记》（参考文献［四］）。

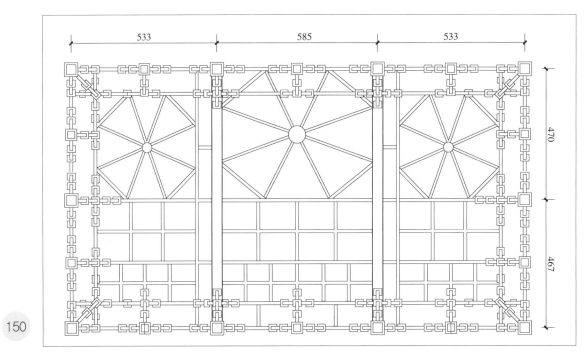

图6-1 薄伽教藏殿藻井分布平面（据参考文献［六］重绘）

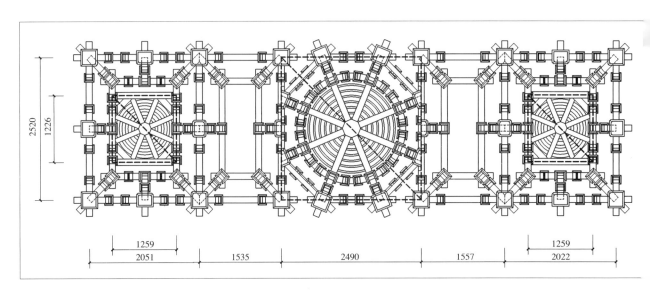

图6-2 保国寺大殿藻井分布平面

图6

（二）藻井的形状与对称性

上文讨论了南北方藻井的位置差异，这种差异不但暗示了空间重点的不同，还对藻井本身的形态造成影响：在北方实例中，藻井当位于佛像的上方，礼佛者从下前方观看佛像与藻井，而佛像及背光往往会对藻井造成一定遮挡；故而藻井被感知的重点是其横看面，藻井的整体形状处于相对次要的地位。为了保证藻井的横看面具有一定的尺度，使其与佛像及空间的比例相契合，设计者可以牺牲藻井整体形状的对称性，以保证了空间意向的简洁性。例如薄迦教藏中，次间藻井在铺作里跳与梁栿构成的横矩形中增加算桯枋一道以求取方形井口；其心间藻井却不做调整而保持近似正方的井口形状，这主要是为了使大小藻井间保持尺度的差异，强调等级，要避免心间井口进一步划分所造成的尺度缩小（图6-1）。这种强调横看面与各藻井尺度配比的情况符合北方佛殿强调佛像空间的设计意向。

而在南方实例中，藻井位于作为礼佛空间的开敞前廊，礼佛者通过在佛殿中的活动，可以从各个方向观看到藻井，其中藻井被感知的重点是其正下方，如果形状稍有不对称，就有损空间意向的营造，井口形状的对称性因而具有了十分重要的意义，这种对称性的追求是符合南方佛殿强调礼佛空间的设计意向的（图6-2）。

（三）局部天花的布置

厅堂结构与局部天花结合的现象在南北方都有，北方实例为辽代大同善化寺大殿，类似者还有元代的浑源永安寺大殿；南方有北宋的华林寺大殿、保国寺大殿、陈太尉宫大殿三例及元代的真如寺大殿、虎丘二山门。

南北方厅堂构架中局部天花的具体做法存在地域性差异：

北方局部天花强调横向空间序列的重点，布置于心间，并且局部天花重点在佛像上部，用藻井或天宫楼阁，前部礼佛空间只用平棊；礼佛空间和佛像空间的纵向差异次于心间和次间的横向差异，这呼应了北方自元明以后将礼佛空间纳入室内并逐步消解礼佛和佛像空间各自独立性的演化过程。反观北方在宋金时期一系列纵向布局实例（即前进开敞），如圣母殿、雨花宫、九天圣母庙等都并不以天花区别前后，而仅以兜圈铺作和细部加工装饰开敞空间。

南方局部天花强调纵向空间序列的重点，并且如前文所说，总是强调前部开敞空间，后部佛像空间为彻上明造，其中尤以用藻井形式装饰者形制等级最高，空间效果也最为突出。南方局部天花与大木构的间架、铺作协同设计，将局部天花做法和前进开敞结合起来，非常强烈地突出礼佛空间与佛像空间划分的空间序列（图5）。

形成以上诸多差异的根本原因在于南方与北方对佛殿空间格局的不同理解，这进一步涉及佛教仪轨、礼佛行为的安排：

三 佛教发展与礼佛空间的演变

唐代以前，由于小乘教义和佛教受众的局限性，礼佛空间在佛殿中居从属地位，佛殿多按绕佛仪轨采用四周对称布局，佛像空间和礼佛空间彼此严格区分。而至晚在中唐以后，随着佛教的勃兴发展，佛殿布局开始引入开敞的前进礼佛空间，前后布局的空间形态兴起，这是礼佛空间拓展的早期状态。礼佛空间的开放大概有两方面的原因：一是在空间意向上延续上一时期的格局，以室内外的界限将佛像空间和礼佛空间各自保有一定独立性，对室内的人流活动作一定的限制；二则是由于礼佛活动本身要求保留群众性的特点，在开放或半开放空间下，更容易与庭院或廊庑联系，从而灵活地扩大礼佛空间的人流容量。

至宋辽时期，礼佛空间进一步发展。而以藻井的布置为线索，可以看出南方和北方对佛殿空间理解存在的明显地域差异：辽构中直接将之纳入室内成封闭式前后布局，消弭了礼佛与佛像空间的各种独立性。宋辖地内则以开放式和封闭式并存，其中开放式礼

佛空间的布置主要是延续唐代以来的传统，封闭式做法这可能与北方寒冷的气候条件有关，但无论如何这代表了一种新的趋势：将佛像和礼佛空间并处于一室之内，大大消减了礼佛空间和佛像空间各自的独立性，为金元以后一种新的空间范式——即殿内佛像空间的压缩，佛殿整体空间的多功能化埋下了伏笔。

与此同时，江南地区更为突出地延续了前进开敞式格局——尤其以保国寺大殿中出现藻井装饰前进礼佛空间的做法，较之以往仅用平棊天花装饰者将前进空间的等级意义大大地提升。对礼佛空间的如此提升推测应是北宋初年的开创之举，并且可能与天台宗在南方的发展有关：

《宁波保国寺大殿》中《建殿僧德贤尊者生平考述》曾考证：保国寺的建殿僧德贤尊者曾直接从学于天台宗十七祖法智知礼，法智曾在明州地区修造保恩寺、延庆寺，其中保恩寺就已经表现出强烈的独特性——"莫之与京，而又此邦异乎他群"[一]，延庆寺大概也继承了这种独特性；而保国寺由法智学生德贤建造在其后，作为继承天台法脉的重要寺院，很可能对这种独特性有所模仿，如嘉庆版《保国寺志》卷上"寺宇·佛殿"载"……（佛殿）昂栱星斗，结构甚奇，唯延庆殿式与此同……"，而此处所谓结构之奇可以料想即是指整体空间结构布局与藻井装饰。故知保国寺对礼佛空间如此强调之举很可能是受法智知礼所开创的天台宗建筑传统影响而形成。《考述》认为"若天台宗有其建筑空间的独特性需求，当在义

理渐成型之时（即指法智知礼时），加上知礼改造及建设保恩院历时近十年，当有可能结合教派对建筑空间做符合天台仪轨的修整"，这种推测大体得当。

从地域性差异来看，南北方的佛教发展向来保有各自独立的路径——传教的源流、义理的理解乃至宗教组织和活动一直存在相当的分歧，这种差异性在政权割据时期尤为凸显。如南北朝时期，北朝佛教以皇家为依托，造像活动盛行，偏重宗教性意义；南朝佛教传播则以世家名士为依托，更注重义理的阐释及哲学性意义。即使在隋唐大一统的背景下，依然保有各种关于南宗、北宗的分歧。在宋辽时期，这种分歧主要表现为宗派势力的不平衡分布，北方尤其是辽统区内盛行密宗和华严宗，而南方则以天台和净土更炽。虽然关于各种宗派的划分自中唐以后开始逐渐被消解，但对于义理理解和僧团组织的差异一直保留，尤其是天台宗和华严宗在晚唐各自掀起一波中兴的浪潮[二]，在南北不同的地域内再次凸显了不同的发展重点，义理的阐释、仪轨的安排自然也会有相应的差异出现，在此情况下，空间格局便成为这种地域性差异最直接的反映。

153

四 结 语

宋辽时期藻井的平面布置分两类，北方地区将藻井与佛像空间结合，南方地区将藻井与礼佛空间结合。前者是对汉地一贯建筑传统的延续，体现了对佛的尊崇；后者体现了对礼佛空间的强调。这两种布置同时被《营造法式》兼纳。宋金以后，北方对礼佛空间的装饰有所上升，藻井的布置方法更为多样；但纯粹将藻井布置与礼佛空间之法基本局限于南方地区，并一直延续至元明。藻井布局上的差异同时影响了藻井自身的图形构成，以及使用者对其的观察体会。同时也拓展为局部天花布置、佛殿整体空间序列等各方面的差异。

形成以上差异的根本原因在于南方与北方对佛殿空间格局的不同理解，这进一步涉及佛教仪轨、礼佛行为的安排：南方地区以藻井天花置于前进礼佛空间之上，乃是基于对此空间的独立塑造和重点装饰。这并非简单地以"人的空间"超越于"佛的空间"——由于室内外的格局划分，两者本就处于各自独立不相干涉的关系中。对礼佛空间的强调是由于该处沟通内外，为佛像空间和室外广阔的礼拜场所两方面联系的核心节点；这是

[一]［宋］石待问作《皇宋明州新修保恩院记》。（参考文献[四]）

[二] 天台宗和华严宗分别以荆溪尊者湛然和清凉大师澄观为中兴之祖，在肃宗、代宗时掀起唐代佛教振兴的最后一次高潮，并将相应的地域差异延续至五代宋初。（参考文献 [一二]）

仪轨布置的重要空间，也是整个院落和佛殿空间的关键。藻井作为整个空间序列营造的重要一环，暗示了南方地区对早期佛殿空间格局的延续；而其中的变化发展极可能是受到北宋时盛行于明州地区的天台法脉相关仪轨和空间需求的影响。

参考文献

[一] [唐] 道释：《法苑珠林》，四库本。

[二] [宋] 司马光：《资治通鉴》，四库本。

[三] [宋] 宗晓：《四名尊者教行录》，王坚点校，上海古籍出版社，2010 年版。

[四] [元] 周伯琦：《吴都文粹续集》，四库本。

[五] 东南大学建筑研究所、宁波保国寺古建筑博物馆：《宁波保国寺大殿》，东南大学出版社（待出版）。

[六] 《中国古代建筑史》（第三卷），中国建筑工业出版社，2009 年版。

[七] 刘敦桢：《河南省北部古建筑调查记》，《刘敦桢文集》，1984 年版。

[八] 陈从周：《浙江古建筑调查纪略》，《文物》1963 年第 7 期。

[九] 颜华：《山东广饶关帝庙正殿》，《文物》1995 年第 1 期。

[一〇] 巨凯夫：学位论文《上海真如寺大殿形制探析》。

[一一] 王蕊佳：学位论文《河北易县开元寺研究》。

[一二] 蒋维乔：《中国佛教史》，上海古籍出版社，2007 年版。

「历史村镇」

陆

【探寻浙东古县城】

杨古城 · 宁波工艺美术协会

摘　要：浙东历史上最早的城是公元前473年古越国姚江边的"句章"城。宁波市区现存最早的城建于唐长庆元年（821年），位于三江口，即如今的鼓楼，又称海曙楼。汉、唐时期还有余姚市古县城、宁海县古县城、象山县古县城、镇海区古县城、奉化市古县城。唐宋明州、鄞县古城十城门，元、明、清的宁波、鄞县六城门。考古发现的唐代东渡门遗址、原甬江印刷厂地下的渔浦门遗址、和义门遗址和永丰门城墙遗址。

关键词：古县城　探寻　发现

一　浙东古城概述

浙东，一般概念是指四明山之东之北、钱塘江之东、杭州湾之南、东海之西、临海江之北的区域，即今之绍兴市东、台州市东、嵊州市北的宁波市区域为主体。今属余姚市、宁波市海曙区、江北区、镇海区、奉化城区，及宁海县、象山县，历史上都曾建有相当规模的县城。"城"的建成，表示地方区域政权和防御的完善。"城"的主要作用是防卫，而在人类心目之中又是安定的象征。《易经》记载"城复于隍，勿用师，自邑告命，贞吝"。意思是城墙倒塌了，预示灾难来临。因此在远古时代，最简陋的土城也给先民带来了心理上的慰藉，而真正作用防护性的城，在春秋至秦汉才兴建的最古的"城"，多用土石垒成。

二　小溪古城与句章古城之谜

浙东历史上最早的城是公元前473年古越国姚江边的"句章"城，曾是周代和古越国在浙东的首镇。据《十三洲志》载："越王勾践之地，南至句余。其后并吴，因大城句余，章伯功以示子孙，故曰句章。"宋代大儒王应麟在《四明七观》中说："东有山曰句余，实维四明。以地跨句章余姚为名，故曰句余。"我们在清代雍正年间的《鄞县图》中，见到余姚大隐与车厩之间标有"句余山"，由此可见姚江畔的句余山既为句章城的座山，又是古句章城名的由来。

这座城或许是一座土城，2009年大观模考古发掘又发现不少先民建筑和日用品遗存，但未发现城墙城濠遗址。句章古城延续了八百多年沧桑岁月，至今仅留下城山渡地名。公元400年，因孙恩据会稽，攻破句章城，这处历经873年的古城化为废墟。东晋部将刘裕将句章县治被迫迁到小溪（今鄞江桥），迁入此地作为明州治和鄞县治有四百多年，然而，小溪古城的遗迹荡然无存，至今仅留下"古城坂"的空名，不禁令人怀疑小溪有没有筑城？

在同时代，当时的姚江与奉化江交汇之处的三江口，还是一块江潮出没的不毛之地，戍守此处的东晋大将刘牢之为防孙恩之乱在宁波三江口和城西的滩涂上建了一围萧墙——筱城。建筑材料主要还是土，如今未见遗迹，仅留下"筱墙巷"之名。

直到唐长庆元年（821年），明州刺史韩察将州治由小溪移至三江口，筑造了周长420丈的子城，这座砖石为主的城是官府和贵族的防护依赖，居民都居住在城外。这子城的南门即如今的鼓楼，又称海曙楼，它的城基还是一千二百年前的遗存。

三 汉、唐浙东各县古城

余姚市古县城 浙东最早的砖石城当属古越国会稽郡的余姚古城，在新中国成立

后几经变更行政归属后于1984划属宁波市。余姚江北岸的北城始建东汉建安五年（200年），"围城一里，250步，高1丈，厚倍之。"元代至正十七年（1357年）扩建后，城围1465丈，高1.8丈，基宽二丈，开九门，其中三道水门，四面环江。姚江南城筑于明嘉靖三十七年（1558年）。围1440丈，开六门，其中水门二道，惜于1930年全部拆平，仅留下北城南门舜江楼。

宁海县古县城 宁海县古属台州府，西晋太康元年（280年）建县，至唐永昌元年（689年）四百余年间未建城。永昌元年筑城初，城围仅600步，开四门。在明嘉靖三十一年（1552年）扩建，城围1541丈，高2.4丈，厚1.8丈，开五门。在1958年后才逐渐拆平，城址即今环城路。宁海县在新中国成立后，几次变更建制，1961年归属宁波市。

象山县古县城 唐神龙二年（706年）建县，古属明州府、宁波府。宋治平间（1064～1067年）筑土城，环河，开二门。明嘉靖三十三年（1554年）重筑石城，围1809丈，高1.6丈，基宽2丈，开四门。因城形似蚶，故称"蚶城"。据传南朝陶弘景城西山中炼丹，故又称"丹城"。1952年起拆城，至1969拆平，遗迹无存。

镇海区古县城 唐宪宗元和四年（809年）属明州望海镇。五代后梁改定海县。康熙二十六年（1687年）改称镇海县，现称镇海区。这座浙东濒海古城，唐昭宗元年（897年）建城。相传钱王缪所建。初为土城，周围450丈，南282米，东西275米。明洪武元年（1368年）在旧城基上以砖石重筑，围1288

丈、高2.4丈，基宽1丈，辟六门。除小南门外都有瓮城。以后各代都有修扩。在1929年起拆城，直至1982年，仅保留后海塘一段原城墙。

奉化市古县城　唐开元二十六年（738年）置明州府奉化县，《宋宝庆四明志》曾称"文化"，后因"尊奉王化"而名"奉化"。古城始建于宋，南宋建城，围640丈，开四门。元至元二十九年（1292年）重建围城。嘉靖三十四年（1555年）又重建，围1218丈，高2.4丈，基宽1.3丈，开四门，各建楼，东西附开水门。40年后重建四门。民国之后，奉化率先拆城，遗迹无存，1986年由县升格为市。

四　唐宋明州、鄞县古城十城门

宁波人能享受城的魅力和福祉，是在鄞东姜山九房村出生的明州刺史黄晟始筑的罗城，即在子城的外围，筑起一道2527丈的十八里砖石城。旧时中国人认为子城外的围城称为"郭"，这"城郭"二字包含着明州城兼作鄞县城的子城、罗城完善的防卫措施。今年是宁波建罗城1114周年，然而80年前的一阵拆城之风，使耸峙于浙东海滨的千年名城——明州古城彻底消失了！

据《宋·宝庆四明志》记载，黄晟接替了刺史钟季文之职，讨平邻寇，保护乡井，创筑罗城，重修浮桥。这罗城之北有"奉化江南来限其东，慈溪江自西来限其北，西与南皆它山之水环之。"可见罗城四面环水。又据《宝庆四明志》所记载，在南宋之前开有十道城门：最北的永丰门，原称保丰门，紧依慈溪江，南宋开庆元年（1259年）改称，又称"北门"，出城即可陆路通湾头，或去余姚。门外设永丰渡，过姚江、到庄桥、镇海，城门不远有堰坝、北廓庙，此门因城外建有"保丰碶"，北斗河和来自林村西塘河之水可必要时泄入姚江，"民籍此之利，则丰年可保"。故城门以碶名之。

沿着慈溪江（今称姚江）向东，沿江开有三道城门，即盐仓门（和义门）、渔浦门、达信门。后二道城门宋代已封闭，过江即称桃花渡。朝向奉化江开有四道门，自北向南为东渡门（东门），门近三江口，可远眺太白耸翠。西来南至两水汇流成的定海江（古称大浃江、近称甬江）滚滚东流入海。沿江向南还有市舶务门（来安门）、灵桥门、鄞江门。其中鄞江门南宋时已闭，来安门仅有海外商舶来时开，后也闭废。

在城西和城南分别有望京门（朝京门），又称西门，门对四明山，门内外建驿站、接官亭，门旁开有水门，大型船可通入城内。在城南的甬水门，又称长春门，也有水门与南塘河相通，故城内人下乡笃悠悠地嗑着瓜子听着"唱新闻"，三个多小时就会到鄞江桥、横街头，而从小溪南塘河运来的城砖成品也同时便捷地运到城墙脚跟（图1）。

民国鄞县志·县城图

图1　十城门图

五　元、明、清的宁波、鄞县古城六城门

明州自"晟筑金汤壮其海峤，绝外寇觊觎之患，保一州生聚之安"。自北宋至南宋，明州城郭由历代官府和民间不断修缮。宋宁宗庆元元年（1195年）明州改称庆元府，这是宋宁宗幼时曾"遥领"明州观察使

之故。庆元府在宋亡（1279年）后又改称庆元路，元兵进城后毁去罗城，此后仅留下子城。1356年元人为阻挡方国珍来攻，重筑罗城，开了六道城门，即东渡、灵桥、长春、望京、永丰、和义。在明代洪武又一次大修，近年网友还在永丰门附近遗址捡到洪武五年（1371年）城砖为证。洪武十七年（1381年）终于才有了"宁波府"的地名。明清官府、民间修拓古城门古城墙之举不断。鸦片战争时的英法军舰曾炮轰东渡门，高大的城楼炸毁一角。在清代晚期，宁波府城再次重修、测量。罗城周长2527丈，城脚宽22尺，城上宽15尺，城高22尺（7米余），各门都有瓮城，瓮城是城门外再围起一圈小城，门开左右两边。惜乎在1931年宁波府罗城全部拆平，用条石、石板铺了一条自东渡门到望京门的大路，今环城路上的江厦街、灵桥路、和义路、望京路、永丰路、长春路，即当年罗城的位置。在1923～1930年在永丰门外滩涂上建造华美医院时，罗城开始议拆，院方通过关节，选用大量的永丰门及附近城砖和条石，而且刻意将院门建成中西混合的时新式，因此在永丰门拆毁后，这座医院门楼留下了永丰门和古城墙的难忘记忆。

六　宁波古城门四处遗址的发现

1973年10月，挖防空洞时又发现了记载中的唐代东渡门遗址和原甬江印刷厂地下的渔浦门遗址，特别还发现了一件有着铭文为"乾宁五年"的青瓷。乾宁五年即公元898年，与时任明州刺史黄晟的建城年代正好相合。如今，

在宁波博物馆可见大量的当时出土珍品。

2003年年底，发现和义门遗址。这是一处元代重建的瓮城遗址，位于海曙区姚江南边的解放桥东块，占地面积256平方米，附近出土长12.7米海船一艘。遗址于2008年开放（图2、图3）。

2012年8月，在姚江边华慈医院对面的路边绿地挖掘下水管道时，发现原永丰门附近的城墙城基。就在这处铺设水管工地上，有数位市民在现场发现了古砖、古木桩、古瓷片，有的还捡到完整的宋明城砖，还有许多铭文砖。此地是否又发现了城门和城墙？然而施工部门未等文物主管部门到达现场验看，刚显露端倪的城门或城墙遗址，未作严谨考证而匆匆被填埋，失去了我们对这座古城门遗址进一步了解的机会。

七 永丰门城基的发现、考证和填埋

2012年8月27日有网友发现"疑似永丰门"，笔者认为，实际上就应该是永丰门相关的城墙。主要理由如下：从《民国鄞县通志》等文献和嘉庆道光年间的《宁郡地图》（图4）清楚表明，这里位置正是永丰路、望京路和永丰北路交汇点，也是发现宋、明古城砖、古木桩、古瓷片地点，就与如今华慈医院仅一条永丰路相隔。这永丰北路就是原永丰门通向湾头的大路，遗址发现地即永丰门城迹的南墙和城基，在挖掘现场堆着数百块断裂或完整的古城砖，尺寸大都为长40、宽17、厚达7厘米典型的明代城砖。追溯一千一百多年前，在这块慈溪江沉积滩涂上建城很不容易，如果不采用松木打桩作基，直接在软土地上砌城，城墙早就会倒塌。这种软土地上打木桩的建城或建桥技术，曾在东渡门、渔浦门遗址中发现过。在现场捡到的有汉砖、唐宋砖和明代洪武的纪年砖、记名砖，并在回填之前发现一段长达3米余的砖石墙基。如从《宁

图2 义和门遗址

图3 义和门遗址发现

郡地图》中可见北门内并非是冷僻的墓地，这里有文昌阁、大成殿、义火殿、火神殿、佑圣观、圆津庵等建筑群，进北门大路直通宁绍台道署。可见施工人员偶尔发现的"疑似永丰门"遗址应是真永丰门遗址。而文物主管部门对挖开的遗址采取回填填埋保护措施，又留下这座古城门、古城墙不少千古之谜，等待后人们再来揭开吧！

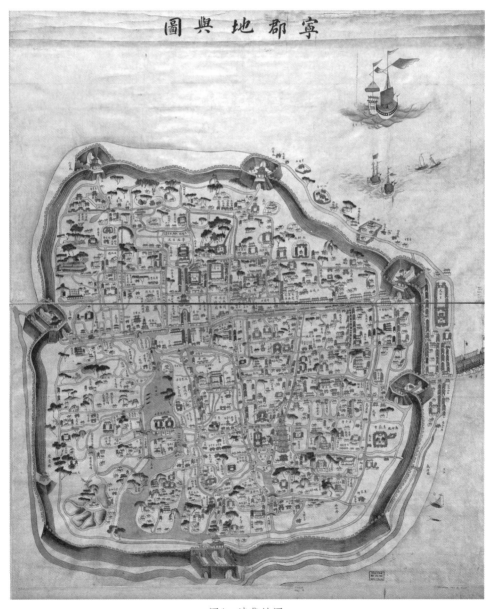

图4　清代地图

【宁波古牌坊及其建筑特色分析】

黄定福·宁波市文物保护管理所

摘　要：宁波有许多重要的古代牌坊建筑，如被列为全国重点文物保护单位的鄞州区庙沟后石牌坊和横省石牌坊，是目前所知我国最早的石牌坊，其他现存较完整的牌坊建筑有名可稽者有三十余座。这些牌坊各有其形式风格、独特的艺术审美价值和地域文化内涵，在宁波古代建筑史上具有重要价值。本文在宁波古代牌坊调研的基础上，对部分牌坊实例进行了详细分析，并就宁波古代牌坊的类型及建筑特色进行了研究。

关键词：牌坊　建筑　分析

上了年纪的宁波人还记得，宁波过去很多地方都有形态各异、巍峨挺拔的石牌坊。"三支街口石牌坊，刻虎雕龙古迹藏"[一]写的就是位于月湖的原七牧将军庙前的张尚书坊。其他还有许多，它们或横跨于通衢，或雄踞于巷口，或肃立于墓道前，点缀着景观。尽管有许多牌坊如今已不复存在，但宁波街巷地名中仍留有它们的痕迹，如天封塔旁就有一处叫牌楼巷的。相传当年鸦片战争英军占领宁波时，曾对宁波城中雕刻精美的牌坊大为赞赏，甚至声称要将宁波某条街上的所有牌坊拆去运到英国，用来装饰一整条大街。

梁思成曾说，城门和牌楼、牌坊构成了北京城古老的街道的独特景观，城门是主要街道的对景，重重牌坊、牌楼把单调笔直的街道变成了有序的、丰富的空间，这与西方都市街道中雕塑、凯旋门和方尖碑等有着同样的效果，是街市中美丽的点缀与标志物[二]。

及至民国年间，宁波市区仍有相当数量的石牌坊遗存（图1），这从《鄞县通志》中大量关于牌坊的罗列记载就不难看出。然而，如今宁波城中幸存的石牌坊屈指可数，在城市街道之敞阔日益超出"人"的尺度的

[一] 周远鹤：《七牧将军庙》，《宁波竹枝词》[M]，宁波出版社，1999年版，第166页。

[二] 梁思成、陈占祥：《关于中央人民政府行政中心区位置的建议》，1950年2月。从1952年开始，北京外城城墙被陆续拆除，梁思成对城墙被拆失声痛哭。

163

[三] 已毁，引自《宁波旧影》。

图1　明代宁波南门石牌坊[三]

同时，这些昔日"街市中美丽的点缀与标志物"也难再寻见了。

一 牌坊的起源

牌坊又称牌楼，是中国古建筑中一种由单排或多排立柱和横向额坊等构件组成的标志性开敞式建筑[一]。实际上，牌坊较牌楼简单，上面没有斗拱或楼檐。习惯上，北方民间多称牌楼，南方不论有无楼檐都叫牌坊。

牌坊起源很早，据《周礼》记载，周代居民的基层单位是"里闾"，唐代时改称"里闾"为"里坊"[二]。"里坊"（里闾）制度要求城市布局规划为方格网式（棋盘式），每一格用地面积相等，每一块封闭的方格用地称为"里坊"，其四周都有封闭的坊墙包围，开有前后门，即坊门。坊门一

般较高，有柱，有额，其上可以刻字做文章，此时牌坊的雏形已开始形成。

当北宋取消"里坊制"之后[三]，里坊门成为了独立的坊门，宵禁的实际功能被取消了，而里坊门则演变为具有精神功能的里

图3 慈城孔庙棂星门（宁波市江北区文物管理所杨军摄）

图2 慈城孔庙（龚国荣摄）

坊标志。独立的坊门从宋代开始，经历元代和明清，其标志性和纪念性功能不断增加，对于造型、构造和装饰的变革也日益精湛和精美。牌坊的类型繁多，从一开间到多开间，从一楼到多楼，平面及材料形式也不断的组合变换。

牌坊建筑作为社会的载体，不同程度地体现出政治、经济、文化、艺术等方面的功能与价值。政治上，统治阶级旌表在政绩、科举、军功等方面取得突出成就的人，是为了维护其统治地位的政治需要；表彰在道德行为规范方面先进典型的人物，是维护封建统治的精神需要；经济上，封建统治阶级建造牌坊是表达社会繁荣、经济发达的局面。牌坊建筑从一个侧面反映了封建社会的宗教色彩和礼制纲常，从另一个侧面也记载了宝贵的历史资料，成为活的史书。

二　宁波部分牌坊实例分析[四]

[一] 夏征农：《辞海》[M]，上海辞书出版社，1979年版，第3379页。

[二] 刘敦桢编：《中国古代建筑史》[M]，中国建筑工业出版社，1984年版，第123页。

[三] 同注[二]，第180页。

[四] 牌坊实例资料部分来自于各级文物保护单位的介绍。

在江北慈城有一座浙东保存最完整的孔庙（图2），其大门为棂星门（图3），棂星门也是一种牌坊，只不过较特殊。据有关文献记载，早在汉高祖时就规定，祭天要先祭灵星。北宋天圣六年（1028年）筑祭台时，不仅建造了祭台外墙，而且采用坊门形式设置了灵星门。后来把灵星门移置于孔庙建筑上用作大门，意欲用祭天的礼仪来尊重孔夫子，又因其门形如窗棂，于是改"灵星门"为"棂星门"了。宋以后，牌坊逐渐变成了纪念性质的建筑物，多用来表彰忠孝节义。

最典型的亭式石牌坊是"钟郝遗徽"石亭，坐落在象山县月楼岙村北路口，建于清咸丰元年（1853年），为一正方形四柱两层全石歇山顶亭式建筑。正面朝南，额刻"钟郝遗徽"四字，四柱刻有楹联，亭中立一石碑，高173厘米，宽82厘米，厚18厘米，上刻"坤德永员"四字，款为"浙江巡抚部院、布政使司，宁波府正堂，象山县正堂所立"字样。据民国《象山日志》记载，该石亭为庄耀亭妻黄氏而立。

鄞州区龙观乡大路沿节孝碑亭（图4）位于龙观乡大路村祠堂东侧，建于清代。为一开间石结构建筑。全高4.5米，面宽2.1米，进深1.26米。亭为歇山亭，筒瓦骑缝，四角翘起，屋脊两端

图4　鄞州区龙观乡大路沿节孝碑亭（龚国荣摄）

饰有吻兽。檐下正中直竖雕龙匾额，上刻"圣旨"两字，下端栏额有"道光四年十月县学呈章，道光四年十二月各宪具结，道光五年十二月礼部汇题奉旨旌奖"等字样。正方形亭柱四周围筑青石栏杆。柱上刻联对为"一片冰心盟古井，九重丹诏勒穹碑"。石亭正中，直立石碑一方，正面刻"钦旌"、"节孝"字样，背面题首为"节孝陈门董孺人碑记"。正文叙述其生平事迹，落款"道光二十九年（1849年）岁己酉四月世侄崔□□拜撰"。

最典型的二柱一间石坊是恩荣坊（图5），歇山顶，高6米，面阔3.5米，屋面石刻成筒瓦，正脊上有两个鱼形鸥尾。正面上部额枋正中悬一块双龙戏珠匾。匾上直书阴刻"圣

图5　慈城恩荣坊（龚国荣摄）

旨"二字。下额枋上中间有浮雕双狮舞绣球，两边上各浮雕一个龙头。背上部额枋正中也悬一块双龙戏珠匾，匾上直书阴刻"恩荣"二字，中间额枋横书阴刻"诰封三代"四字，坊北端有建坊年代"乾隆丙申岁"（1776年）孟秋月上浣吉旦之落款，南端直书阴刻"儒林郎侯选州同孙向恒升建"的一行置名。

该坊由向恒升为其祖父向腾蛟而立。向腾蛟，清顺治十八年（1661年）进士。历任守备、游击等职，历官三十余年，兵民和协，以年老告归，人称完节，乾隆帝为表彰其功绩，封武骑将军，下旨建坊。

其他二柱一间石坊还有慈城刘氏贞节坊（图6），该牌坊是明万历时翰林冯有径为其母刘氏立，是我市现存为数不多的贞节牌坊之一。坊单开间，面阔2.98米，柱高4.12米，用高浮雕，透雕工艺手法，层次分明，艺术性较强，平板坊上刻卷草和莲瓣纹，南面上额枋上刻"蹊旌表嘉靖甲子科顺天举人，冯赞继妻刘氏之门"，下额枋为双狮舞绣球，二侧各一龙头。北面上、中、下额枋分别刻双狮舞绣球，丹凤朝阳与卷草。花板透雕卷草纹，坊之上匾额书"贞节"。坊之北原一台门，门之前有八字墙。全是砖砌，墙体为方砖斜砌上饰卷草套菱形纹。目前只剩残迹。

冯有径，字正文。父赞，寓居顺天，嘉靖四十三年（1564年）中举，早卒，母刘氏守节抚之。登万历十七年（1589年）进士。

最典型的四柱三间三檐楼石坊是"高风千古"石牌坊（图7），其上檐楼已毁，位于余姚市低塘镇黄清堰村，通面宽8.7米，高6米。明间大额坊上镌刻有"高风千古"四个

大字，小额坊上镌刻有"为汉徵士子陵严先生立"十字。东西次间雕刻狮子滚绣球及鸟兽等形状，镂空浮雕，难度较大。整座石坊宏伟壮丽，体现了明代工匠高超的石雕技艺，有着极高的艺术价值。1987年10月被余姚市人民政府列为市级文物保护单位。

明万历三十二年（1604年），浙江按察司使在重修严子陵先生祠、墓的同时，特重建该坊，以纪念汉代高士严子陵先生。严光（前37年～43年），字子陵，出生于姚北下河严家，是一位历代传颂的高风亮节之士。严子陵是光武帝刘秀的同窗好友，光武帝想委任严子陵为谏议大夫，而严子陵对尔虞我诈的官场恶习早已深恶痛绝，更不愿为官场繁琐的礼节所束缚，向往无拘无束、清净无为的自在生活，故拒绝了光武帝的任命，在富春江边过着农耕渔钓的隐居生活。他的这种不图名利，不图富贵的思想品格，一直受到后世的称誉。北宋的政治家、文学家范仲淹曾以"云山苍苍，江水泱泱，先生之风，山高水长"之句来赞颂严子陵的高风亮节。

彩虹坊（图8）也是四柱三间三檐楼式石

图6　慈城刘氏贞节坊（宁波市江北区文物管理所杨军摄）

图7　余姚"高风千古"石牌坊

图8　彩虹路包氏贞节坊（龚国荣摄）

牌坊，位于宁波江东彩虹路西段，为三开间楼式石牌坊。系清嘉庆二十三年（1818年）清廷为表彰吴明镐妻包氏而立。

吴氏世居江东，经商起家，其开设的吴大茂酱园铺，经几代苦心经营，传至吴明镐时已名闻甬上，吴明镐早逝，其妻包氏，年轻守寡，扶养出生才6个月的儿子其渊成人，教以攻读诗书，遂成仕人。包氏去世后，吴氏家族，为光辉门庭，在吴氏宗祠前建立"节孝坊"。

彩虹坊由柱子、额坊、穿扦坊、斗拱、雀替等主要物件组成四柱三间楼式牌坊。气势雄伟，古朴庄重。两中柱高约5.70米，两根边柱高约4.25米，呈八角形状。明间字牌阴刻楷书"节孝"二字，额枋之上置有斗拱，采用高浮雕和透雕的雕刻手法，将花草、禽兽和人物故事等图案纹饰分别布设在额枋等物件上，雕刻的图案纹饰十分精致与细腻，给人以栩栩如生、活灵活现之感，正楼和左右次楼的鸥尾（正吻）均饰以龙首，正楼脊中间为一圆珠，这便是民间传统的"双龙抢珠"，垂脊的脊兽也都为小龙头，气宇轩昂，威风凛凛，给人们深高莫测、神圣不可侵犯之感。为专家学者研究清代的石构建筑和雕刻艺术提供了重要的实物例证。

瀛洲接武坊（图9）位于宁波海曙区月湖柳汀街南侧，三间四柱三檐楼式，额枋上书"瀛洲接武第"。此坊体型高大，系明万历三十九年（1611年）巡抚甘士价等为丙午科姚之光等立。

宁波地区比较少见的四柱三间柱出头冲天式牌坊是镇海区里新屋石牌楼（图10），

位于相距骆驼街道贵驷庙港村里新屋10米处的田野上，有两座墓，已毁。墓前有两处石牌楼，耸立在八百多平方米的范围内。石牌上有部分精细雕刻及造型，据上级文物部门的专家现场考证，这批石牌建筑系明代建

图9　海曙区瀛洲接武坊（黄定福摄）

图10　镇海区骆驼里新屋明代石牌坊（李根员摄）

筑。2000年月12月被公布为区级文物保位。

　　迄今为止，宁波发现最早的牌坊是鄞州区庙沟后石牌坊（图11）和横省石牌坊（图12），也是目前所知我国最早的石牌坊，两座牌坊约建于南宋至元代，庙沟后石牌坊位于鄞县东钱湖镇韩岭村，横省石牌坊位于鄞县五乡镇横省村。两座牌坊皆为墓道牌坊，所在墓道已毁，墓主无从考证。它们都是二柱一间一楼仿木结构石坊，均坐东向西。庙沟后石牌坊其上斗拱承托屋面，层层叠叠，向外伸展飞檐翘角，在转角斗拱上使用鸳鸯交颈拱，屋脊上有鸱尾等装饰，它是东钱湖畔保存最完整、建筑艺术价值最高的石雕之一，石料采用鄞县西部产的"梅园石"。横省石牌坊面阔3.03

图11　鄞州区庙沟后石牌坊（龚国荣摄）　　　　图12　鄞州区横省石牌坊（龚国荣摄）

169

米。其基本结构与庙沟后石坊类同，不同处在于阑额下移，插入柱身，无普柏枋，华拱用插拱，阑额上刻出"七朱八白"式样的长方形凹槽等，石料采用鄞县东钱湖镇的"椅岙石"。现已被列为全国重点文物保护单位。

两座石牌坊是我国木坊向石坊转型时期的重要实例，牌坊发现时间较晚，四周构筑物已荡然无存，有关史书均无记载。我国的石坊脱胎于木坊，这是学术界较为一致的观点，有关专家针对该牌坊的构造特点或建筑特色，与宋《营造法式》进行比较、分析，认为该牌坊的建造年代可以追溯至南宋，仿

木构形制较为忠实，无论屋面结构，还是斗拱层的细部处理，都刻意追求木结构的效果，木结构的模仿，与明清时期建的石坊有很大的区别。且该坊无柱座，又无夹杆石，表现出明显的木牌坊特点，反映了该坊尚处于木牌坊向石牌坊过渡的一种结构形式。两座牌坊的许多做法与宋《营造法式》基本吻合，如单拱素枋，转角列拱及使用上昂形斜撑、翼角起翘显著等。它不仅填补了浙东无宋代石牌坊的空白，而且在全国也属凤毛麟角，十分珍贵。

三　宁波古代牌坊的类型

宁波古代石牌坊不仅历史悠久，而且种类齐全，只不过保存下来数量较少。据调查统计，现存较完整的牌坊建筑有名可稽者仅为三十余座[一]，宁波老城内只有四座半[二]（彩虹路贞节坊、瀛州接武坊及两座屠氏牌坊），半个是位于月湖东岸的残存一间的明张尚书坊（图13），其他分散在各县市区，主要有五种类型：

第一类是标志坊如位于江北人民路绿化带上的明屠秉彝故里坊、鄞州区龙观乡四明山坊、奉化市石门坊和宁海西店牌门舒村牌坊等；

第二类是节烈坊，如位于江东彩虹路的清代包氏贞节坊、象山《钟郝遗徽》石亭、鄞州区龙观乡双节坊、慈城镇尚志路4号的明代刘氏贞节坊等；

第三类为功德坊，如慈城镇有恩荣坊、世恩坊和冬官坊等，余姚市有"高风千古"

图13　月湖的张尚书坊（黄定福摄）

170

图14 鄞县县学牌坊式棂星门（黄定福摄）

［一］ 宁波现存牌坊数量根据
宁波市各级文物建筑普查资
料（第一次、第二次和第三次
宁波市文物普查资料）。

［二］ 半个是位于月湖东岸的
残存一间的明张尚书坊，原为
四柱三间的楼檐牌坊。

石坊（余姚低塘镇黄清堰村）和谏议坊（余姚城南史家村），宁波市区有
月湖边的明张尚书坊和瀛州接武坊等等；

第四类为墓道牌坊，此类牌坊在宁波分布最广，数量也最多，如鄞县
的史氏牌坊、庙沟后石牌坊，江北人民路的明屠瑜墓道牌坊，原祖关山的
墓道牌坊以及明丁建嗣牌坊等等；

第五类为特殊类型，如慈城孔庙前的棂星门和鄞县县学牌坊式门楼
（图14）。

四 宁波古代牌坊的建筑特色

牌坊采用的建筑材料，有石、砖和木三种，其中木牌坊基本没有被保
存下来，迄今为止没有发现过。而其他都是以石材建造，这与宁波民居建
筑有一定的联系，由于宁波近海，空气潮湿，又经常有台风灾害，所以位
于室外的牌坊，采用木料砖料可能耐久性差，而毁坏。石结构抗风雨侵蚀
强，外形厚重更能突出牌坊对于先人的尊敬，流芳百世。如纪念汉代高士
严子陵先生的"高风千古"石牌坊，通面宽8.7米，其最上面有一条近四米
长，重约二吨的石梁横过牌坊，意味国家栋梁。

宁波的古代牌坊多为三间四柱式和一间二柱式。少数是四柱亭式，
目前所知全大市范围内只有三座，为象山《钟郝遗徽》石亭、鄞州区龙观

节孝碑亭和奉化市钦旌节孝碑亭，所以弥足珍贵。牌坊所采用的建筑样式一般是依建筑物用度、规模和街道宽度而定。比较宽的街道，像宁波柳汀街上的瀛洲接武坊牌、彩虹北路上的彩虹坊等皆为四柱三间式，在小街巷的则多为二柱一间式，规模相对较小，如屠秉彝先生故里坊，原址就在屠家巷口。宁波古牌坊有檐楼牌坊，也有柱出头冲天式样，檐楼牌坊开间宽度大同小异，檐楼却不尽相同，分别有单檐、重楼、三楼三种，五檐、七檐的没有被保存下来，只在《宁波旧影》[一]等图书上有记载。

宁波古牌坊结构以梁柱为主，檐楼没有很深的出挑和很复杂的斗拱，中规中矩，明代以前一般都简洁大方，清代后逐渐变得繁琐。装饰上普遍以石材雕刻为主，大多采用宁波当地的石料，以鄞县鄞江桥、梅园一带"小溪石""梅园石"和余姚大隐所产石料"大隐石"为主，质地较好，均经开凿加工制成条石、石柱和石梁。宁波石雕工艺和享有盛名的民居建筑木雕一样，做法也是多种多样，有浮雕、沉雕、圆雕、透雕等，造型活泼浪漫，富有生活场景的气氛，其精细程度有些甚至不亚于木雕。宁波牌坊多采用单层的透雕，每个牌坊上雕刻了与纪念人物有关的故事传说或历史事件，为坊文注解，同时宁波牌坊上也有石狮、石鼓和花卉、祥瑞动物和宗教法器的装饰构件，整个牌坊看起来厚重却又清晰明了。

宁波牌坊的书法艺术也具有相当高水平，牌坊多为私人捐助，但会请宁波当地著名的文人或贤士书写坊名。有俗语曰：

"桥顶食炒面，大街看亭字。"各座牌坊的坊文，皆出自名家之手笔，令人目不暇接、美不胜收。如聚魁里牌坊，正面刻有"聚魁里"正楷大字，其旁右上分别署"杨守陈、景泰元年浙江乡试第一名"、"杨守阯，成化元年浙江乡试第二名"、□试第一名，第二名"。背面中间亦刻"聚魁里"坊名，上款分别为"浙江按察使司佥事王平"，"宁波知府李行"、"鄞县知县韩普"，下款为"湖广按察司副使杨茂元立，弘治五年九月吉日"。

有些牌坊的立柱上还留存着古代文人墨客题写的对联，如鄞州区龙观大路沿节孝碑亭柱上刻联对为"一片冰心盟古井，九重丹诏勒穹碑"，其内容或点示环境，或借古喻今，耐人寻味。

总而言之，宁波古牌坊数量众多，类型种类也是很丰富，结构形式和规制很统一，其中以一间二柱和三间四柱为主，全石结构，装饰精美，造型生动，书法饱满，是宁波民居建筑的典型代表和艺术宝库，具有很高的历史、人文和艺术价值。

如今，宁波旧城改造不断深入，牌坊面临着被拆改。所幸的是，许多牌坊经过各级文物部门的努力，被保护了下来。月湖上的张尚书坊和瀛洲接武坊经修缮后，成了月湖景区中美丽的点缀。1997年，人民路改造时，两块屠氏牌坊被集中就近迁移至绿化带上予以保护，并配上了标志说明牌，受到广大市民的好评。还有祖关山墓道牌坊、丁氏牌坊等一些因建设项目无法原地保护的，其建筑构件均被市各级文物部门妥善保护，以便日后使用。

[一] 哲夫编:《宁波旧影》[M], 宁波出版社，2004 年版。

五 宁波现存重点牌坊一览表

序号	类型	具体名称举例	建筑年代	建筑样式
1	标志坊	鄞州区龙观牌坊群四明山坊	明万历三年	二柱一间
		奉化市石门枋	明代	二柱一间楼
		江北区明屠秉彝先生故里坊	清同治年间	二柱一间冲天式
2	节烈坊	象山《钟郝遗徽》石亭	清咸丰元年（1853 年）	四柱重楼亭式
		江北慈城贞节坊	万历十七年后	二柱一间
		江东彩虹坊	清嘉庆二十三年（1818 年）	四柱三间重楼
		江北慈城陈氏坊	崇祯十三年（1640 年）五月二十七日	单间二柱
		江北慈城冯氏节孝坊	清雍正辛亥（1731 年）	单间二柱
2	节烈坊	鄞州区龙观牌坊群节孝碑亭	道光二十九年（1849 年）	四柱歇山亭式
		鄞州区龙观牌坊群双节坊	清嘉庆十年（1865 年）	四柱三间重楼
		奉化市钦旌节孝碑亭	清道光年间	四柱亭式顶已毁
		江北慈城邵氏坊	明嘉靖十年（1531 年）	单间二柱
		象山县沈家洋牌坊	清乾隆四十五年（1780 年）	四柱三间重檐歇山顶
3	功德坊	余姚"高风千古"石坊	明万历三十二年（1604 年）	四柱三间重楼
		江北慈城冬官坊	明弘治己未	二柱一间歇山

173

序号	类型	具体名称举例	建筑年代	建筑样式
3	功德坊	江北慈城恩荣坊	"乾隆丙申岁"（1776 年）	二柱一间歇山
		江北慈城世恩坊	明嘉靖乙巳	四柱三间
		余姚谏议坊	正德十六年（1521 年）后	四柱三间
		鄞州区聚魁里牌坊	明代弘治五年（1492 年）	二柱一间歇山
		鄞州区省元坊	明代	二柱一间歇山
		海曙区瀛洲接武坊	明万历三十九年（1611 年）	四柱三间重楼
		月湖张尚书坊	明代	残存一间
4	墓道牌坊	鄞州区陈宗问墓道牌坊	明代	二柱一间冲天式
		鄞州区红石岩牌坊	明代	二柱一间冲天式
		镇海里新屋石牌楼	明代	四柱三间冲天式
		鄞州区庙沟后石牌坊	南宋至元代	二柱一间歇山
		横省石牌坊	南宋至元代	二柱一间歇山
		江北区明屠尚书墓神道牌坊	明中叶	二柱一间冲天式
4	墓道牌坊	徐桂林墓前石牌坊		二柱一间冲天式
		鄞州区朱陛牌坊	明末崇祯年间	二柱一间冲天式
5	特殊类型	江北慈城孔庙棂星门	清代光绪年间	3 个二柱一间冲天式组成
		鄞县县学牌坊式门楼	民国	3 开间重楼歇山

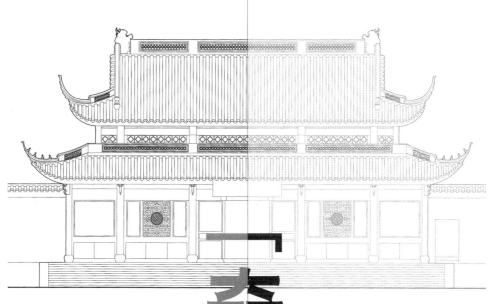

「奇构巧筑」

柒

【插昂构造现象研究】

姜　铮·东南大学建筑学院

摘　要：插昂做法的出现是构架与铺作样式演变过程中一件不可忽视的典型事件。就形态而言，插昂具有突出的过渡性构造特征；就时代性与地域性而言，插昂与《营造法式》所代表的北宋末期官式做法系统之间，有着不可忽视的整体对应性。本文将视角建立在广泛的地域技术背景的比较之上，即对与插昂做法相关联的其他技术因素进行梳理，并希望通过分析插昂构造样式逐步产生的逻辑过程，进而对北方地区构架形制发展的宏观趋势做出了一定的归纳。

关键词：插昂　营造法式　构架形制

一　引　言

（一）研究对象与意义

历来的建筑技术史研究对于插昂的分析虽不甚详尽，但这一做法的出现却是构架与铺作样式演变过程中一件不可忽视的典型事件，《营造法式》明确了插昂使用的情况，并在几处不同的文字与图样间反映了插昂的若干构造样式。

就形态而言，下昂本是通过杠杆受力方式来增加出挑并压低檐口高度的构件，而插昂则是下昂除去昂身、昂尾后所剩余的不具备杠杆作用的昂嘴部分，显然其形式意义远大于结构功能意义；但就构造样式而言，插昂仍保留着斜向构件与水平构件交错的构造样式，因此可谓既显示出与下昂构造的直接演化关系，又开启了简化退化的先声。

就年代属性而言，典型插昂做法突然集中出现的时间正当于北宋末年，或略早于《营造法式》镂版海行之期，而在随后的几十年间插昂做法又如昙花一现旋即消失，至金中后期，北方各地的插昂做法已基本被假昂做法所替代（表1）。插昂做法的突然出现与《营造法式》所引起的技术样式变革是否有直接关联，此结论尚需进一步的论证，但放之于北方地区现

表1 使用插昂做法的主要实例及年代对照表

建筑名称	建成时间
长江以北地区：	
山西平顺东社九天圣母庙正殿	北宋元符三年或建中靖国元年（1100～1101年）
《营造法式》刊行，录插昂做法	北宋崇宁二年（1103年）
河南登封初祖庵大殿	北宋宣和七年（1125年）
山东广饶关帝庙正殿	金天会六年／南宋建炎二年（1128年）
山西大同善化寺三圣殿及山门	均金天会六年至皇统三年（1128～1143年）重修时所建
山西繁峙岩山寺文殊殿	金正隆三年（1158年）
山西应县净土寺大雄宝殿	金天会二年（1124年）敕建，大定二十四年（1184年）重建
山西陵川玉泉村东岳庙正殿	金代，确切年代无考
长江以南地区：	
广东肇庆梅庵大殿	确切年代无考
福建罗源陈太尉宫	确切年代无考，其核心部分或为南宋建筑
江苏甪直保圣寺天王殿	已毁有图，元明，确切年代无考

注：以上录入仅部分实例，但是在年代和样式上具有一定的代表性。

有的样式标尺之下[一]，由其传播影响之广泛以及见诸《营造法式》记载之事实可见，插昂做法与其他官式做法系统之间的整体对应性显然不可忽视。

泛论北方官式木构技术发展的主体区域，12世纪末至13世纪的近百年间，恰是一段历经变化的敏感时期，其间南北方木构技术出现了新一轮广泛交流，北方地区主流的构架形制与构造做法在厅堂构架技术与思路的影响下都经历了快速的发展变动，很多关键技术样式的变化已然出现，其中即包含铺作整体结构机能的衰退、简化。概言之唐宋下昂出挑、结构作用显著，明清斗拱结构机能大幅退化、下昂完全由假昂替代，而有

趣的是插昂做法恰成为此间一个不可缺少的衔接过程和非常直观的过渡形态。此外，插昂做法产生与存在的时段虽短，然其过渡性构造特征却恰可与其他若干构架与构造样式的变化构成了一时间技术样式变革的整体现象，与这一时期活跃的技术变革形成对应。因此，探究插昂产生的技术条件与演化过程，其意义大凡两方面，一来可以厘清铺作构造样式的特定演化，二来可有助于加深对宋金之际构架技术变革的总体认识。

（二）现象总结与逻辑预设

由现存实例来看，插昂的使用情况虽较为复杂，但却存在一定的规律性，从使用位置、与铺作构成的对应关系等方面着眼可做

大致总结（表2、图1）：

首先，前后实例在真昂——插昂——假昂之间形成了完整统一的演化脉络，并且存在先柱头、后补间的发生顺序，说明插昂与假昂都存在由产生到发展扩张的趋势，上述逻辑脉络与实物的年代顺序基本吻合，从中体

表2　部分宋金实例用昂情况总结

	柱头铺作	补间铺作	建筑实例
类型1	用下昂，后尾不上挑	用下昂，且昂尾挑托平槫	晋祠圣母殿下檐
类型2	用插昂	用下昂，且昂尾挑托平槫	平顺九天圣母庙、少林初祖庵、善化寺三圣殿
类型3	用插昂	用插昂	陵川玉泉村东岳庙，《营造法式》"四铺作用插昂"
类型4	用假昂嘴	用插昂	善化寺山门、应县净土寺大雄宝殿、繁峙岩山寺文殊殿
类型5	用假昂嘴	用假昂嘴	实例繁多、不复赘举

[一] 需说明的是，由于北方地区样本资源相对丰富集中，技术样式变迁的脉络相对完整，样式年代标尺更加严密清晰，故而本文在研究对象范围方面主要着眼于北方地区；而与之相对，长江以南地区已发现的四处实例由于年代尚不确切、样式差异过大，故仅作为辅助参照。

[二] 图1-1～图1-3引自郭黛姮主编：《中国古代建筑史》第三卷《宋、辽、金、西夏建筑》，中国建筑工业出版社；图1-4引自颜华：《山东广饶关帝庙正殿》，《文物》，1995年第1期。

179

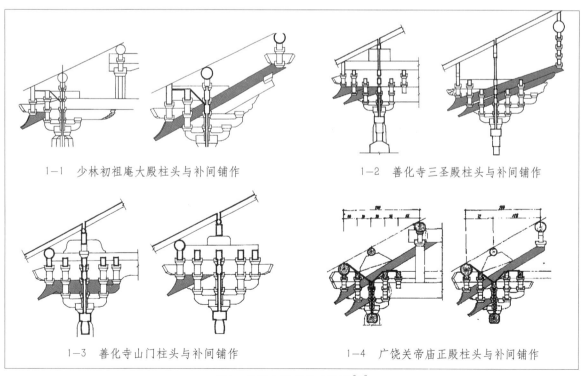

1-1　少林初祖庵大殿柱头与补间铺作

1-2　善化寺三圣殿柱头与补间铺作

1-3　善化寺山门柱头与补间铺作

1-4　广饶关帝庙正殿柱头与补间铺作

图1　插昂主要实例对照图[二]

现出插昂做法大致的演化情况；

其次，在使用插昂的早期实例当中，通常伴随柱头与补间铺作之间普遍的构造差异，说明用昂形式的变化可能受其所在位置的影响，具体而言即梁栿、铺作交接关系对用昂产生的影响，下文对此将详述（图1-1、图1-2）；

第三，《营造法式·大木作制度一》所谓"四铺作用插昂"的情况，基本吻合与玉泉村东岳庙所代表的第三种类型。

二 插昂产生的技术背景

插昂做法在构造样式上的过渡性与矛盾性，较为明确地反映为下昂的退化过程，

而先柱头、后补间的发生顺序则表明插昂的产生与柱头铺作、尤其是梁头——铺作交接构造节点的特定变化有关，本文即以此作为梳理现象的主要切入点，并将研究对象集中于柱头铺作的样式变化。在唐、五代、宋辽初的铺作样式中，下昂的使用主要从技术意义出发，更多是从属于构架、构造式等相关性，而纯粹的形式意义尚未得以充分独立。通过对早期遗存实例的比较，即可发现下昂使用中一些逻辑规律（表3）。

（一）柱头铺作用昂的两种形态

按表3所总结，柱头铺作下昂的使用在不同的地域间呈现为两种截然不同的构造形态：南方地区梁头普遍位于昂下，昂尾"于

表3　早期柱头铺作用昂实例与主要技术特征对照表

	铺作数	昂尾形态	梁栿构造特征
北方地区：			
佛光寺东大殿	七	昂尾压于梁下	双栿节点
独乐寺观音阁上檐	七	昂尾压于梁下	双栿节点
镇国寺万佛殿	七	昂尾压于梁下	双栿节点
崇明寺中佛殿	七	昂尾压于梁下	双栿节点
游仙寺毗卢殿	五	昂尾压于梁下	草栿节点[一]
崇庆寺千佛殿	五	昂尾压于梁下	草栿节点
南吉祥寺中殿	五	昂尾压于梁下	草栿节点
南方地区：			
闸口白塔	五	推测昂尾上挑平槫	推测为明栿
灵隐寺石塔	五	推测昂尾上挑平槫	推测为明栿
华林寺大殿	七	昂尾上挑平槫	明栿节点
保国寺大殿	七	昂尾上挑平槫	明栿节点
保圣寺大殿	五	昂尾上挑平槫	明栿节点

屋内上出"、挑托平槫，北方梁头通常叠压于昂上，昂尾依靠梁头传递的荷载与外跳保持平衡[二]，而颇值得关注的是这两种基本形态与南北方梁栿——铺作交接构造之间的直接对应关系，其背后所反映的是不同构架形制原型之间的差异，以及这些差异在不同地域谱系之间的渊源流变。

关于梁头与铺作交接的两种构造关系，其一是梁头叠压于整朵铺作之上，其二则是将梁头绞接入铺作中。已有学者从不同视角对这一差异现象进行关注和比较，例如贺大龙在《试论晋东南早期建筑特征》[三]一文中即将这两种构造方式分别命名为"搭压式"和"搭交式"，王书林、徐怡涛亦在《晋东南五代—宋—金时期柱头铺作里跳形制分期及区域流变研究》[四]一文中将梁栿与铺作的交接关系定义为"分离"与"绞接"两种情况。而本文观点则认为，此两种构造关系的对立，在北方地区很可能来源于对典型殿阁构架的简化，以及对明栿和草栿进行的有逻辑的取舍，故而更倾向于分别称两种构造方式为"明栿节点"和"草栿节点"。

而又如钟小青指出，由明栿、斜枋组成三角形屋架和由明栿、草栿形成的叠梁式屋架是早期曾经并行的两种上部屋架形式[五]，两种原型的演化在唐代以后已显示出明确的地域差异：长江以南地区由斜栿到斜昂的演进过程表现尤为显著（图2）[六]，而北方地区则主要采用草栿与明栿组合的方式。斜栿缩减为下昂的过程，从另一角度解释了南北方梁栿、铺作构造节点以及用昂情况的差异。

（二）北方地区真昂退化的趋势

1. 功能意义的丧失

下昂顺应屋面斜度、通过杠杆原理发挥结构作用，其典型结构意义在于，一方面增大檐出的同时可以压低檐口，另一方面利用后尾挑托平槫有助于增加步架间的联系和维持檐部与构架整体的稳定。因此严格地说，昂尾上挑不但最大限度地保留了下昂的功能意义，而且更多地保留了斜栿的原始意味。从形态角度分析，下昂后尾挑托平槫做法之所以能够在江南构架中长期保留，与其位置高于梁头、形态上始终保持为斜向构件、能充分发挥杠杆作用有关。

而相较之下，北方之普遍做法将昂尾叠压于草栿之下，虽尚不失为一种稳妥的构造方式，却毕竟疏远了与斜栿原始意象的关联，损失了槫间联系的功能意向，且北方做法由草栿叠压在整朵铺作之上，阻碍昂尾上挑，一定程度上草栿的叠压与昂尾的上挑形成了一对潜在的构造矛盾。

[一] 游仙寺毗卢殿等北宋早中期实例，在梁栿——铺作构造上均有局部保留双栿节点的现象。

[二] 就现存实例而言，自中晚唐以后至《营造法式》刊行前，北方除山西榆次永寿寺雨花宫、忻州金洞寺转角殿等极少实例外，大抵再没有柱头铺作用真昂后尾上挑平槫做法的存在。

[三]《文物》，2011年第1期。

[四]《山西大同大学学报》（自然科学版），第25卷第4期，2009年8月。

[五] 钟晓青：《斗拱、铺作与铺作层》，《中国建筑史论会刊》第一辑，2009年1月。

[六] 早期学者即通过分析江南早期实例所保留的"下昂长两架"特征，认为下昂的最初意向可能来自于原始的斜栿。在铺作不断发展的过程中，斜栿退化、缩短并与拱抄结合，形成水平构件与斜向构件交互错叠的构造方式，而斜向构件的加入又使铺作形制发展到高度成熟复杂的阶段，陈明达：《营造法式》大木作研究，文物出版社，1981年10月版。

181

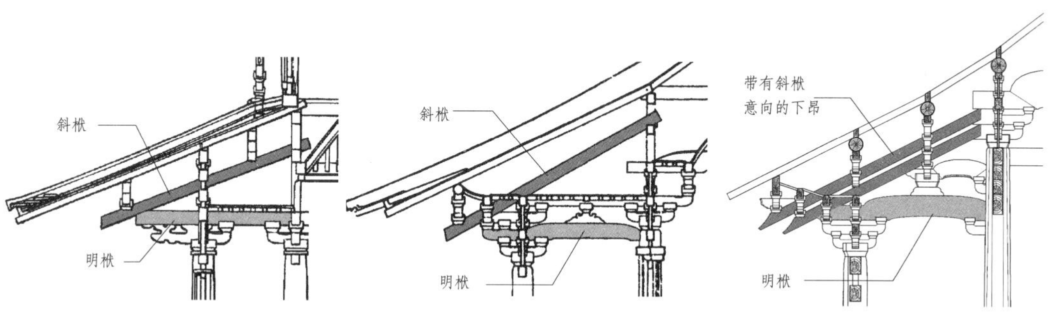

2-1 以法隆寺金堂为代表的
早期斜栿意向

2-2 以招提寺金堂为代表的
唐代斜栿意向

2-3 以保国寺大殿为代表的
宋代斜栿意向

图2 明栿与斜栿组合构造样式[一]

随着梁栿的结构意义不断曾强，两方面的变化必然发生：其一是铺作功能之衰退，其二即柱梁交接方式之简化，此两方面变化互为表里，最终导致梁栿与昂尾之间的构造矛盾激化并产生相应调整。因此北方插昂做法的产生必然以下昂的退化过程作为背景，而下昂杠杆形态的削减、功能意义的丧失是这一退化过程的主要原因。值得说明的是，补间铺作不存在梁头与昂尾的构造矛盾问题，而实际情况插昂恰恰即先见于柱头铺作，在扩大化的过程当中渐及于补间。

2. 铺作构造的简化

铺作构造的简化，换句话说是水平构件与斜向构件的交接问题。

若说插昂做法的产生直观来自于梁栿——铺作交接构造的矛盾演化，那么插昂使用的扩大化则着实是更多影响因素共同作用的结果。真昂的出现意味着铺作的结构功能进入高度成熟阶段，而插昂使用的普遍则

应当被看做是构架技术发生整体变化，铺作功能、构造全面衰退的标志。

下昂的使用在强化铺作出挑功能的同时也使铺作整体构造的设计与施工都趋向于高度复杂化，例如昂头减低跳高的设计虽体现下昂功能的本质，却使施工下料、构件长度计算等问题变得至为繁琐；另外，水平、简洁的构造可以使铺作整体更加稳定，从而更加适应梁栿叠压铺作的构造方式。因此伴随着功能衰退，构造方式的简化也成为必然，而由水平构件逐渐取代斜向构件正是合乎逻辑的方向——纯形式意义的插昂、假昂相继出现并且使用范围不断扩大，皆可看做是这一思路不断发展的结果。

上述趋势在《营造法式》中似已有所体现：《营造法式·大木作制度一·爵头》条目下有言道"如上下有碍昂势，即随昂势斜杀，放过昂身"——早期下昂作为增加铺作出挑的重要承重构件，在与水平构件的交错

的情况下，应首先打断水平构件以最大限度保持昂身的完整。但这一基本原则随插昂的出现而被打破。有趣的是若将"不出昂而用挑斡"之法与插昂看做是一组对应，则更能反映斜向构件与水平构件之间主次关系的反转——后期下昂倾向于被分解，一方面是仅保留装饰意义的昂嘴，另一方面是可以联系、挑托平槫的斜杆部分。一定意义上讲，这种变化是在实现铺作原有功能的同时对铺作整体构造做出的分解与重组、调整与简化。所谓"不出昂而用挑斡"虽不是《营造法式》之后才出现的构造做法，但随着铺作构造的简化，这种做法的应用显然更加普遍化（图3）。

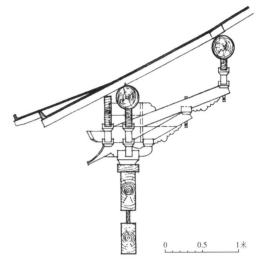

图3　挑昂嘴与挑斡分离做法示意，
上海真如寺大殿补间铺作[二]

三　对插昂做法产生与发展的逻辑过程试析

对插昂做法产生之大致过程的推析，构成了对插昂构造现象讨论的核心。下文通过对梁栿——铺作构造交接关系两方面变化的具体分析，进一步细化对这一过程的说明。

（一）梁头相对位置高度下降的趋势

梁头相对位置高度持续下降，是导致插昂做法出现的直接原因，此变化与北方层叠式构架形制逐渐简化并向厅堂趋近的趋势相一致：一方面，在强调横架（柱梁）直接受力的厅堂建构逻辑下，需更加强调柱梁关系的直接，而纵架作为柱梁之间的垫层则属于被简化的对象，扶壁拱叠枋数量减少，导致梁头高度降低；另一方面，在明栿取消的情况下，适当降低高度也是保持横架自身稳定的需要。

为证明上述结论，本研究选取了两组具有典型意义样本进行比照，从中足可见这一变化的清晰脉络：

1. 七铺作斗拱，比较佛光寺东大殿与《营造法式》殿阁侧样，以耍头高度为参照可见，佛光寺东大殿草栿较耍头位置高出两足材，而北宋末期官式做法则将草栿直接叠放于七铺作斗拱的衬枋头上，相对高度较佛光寺下降了一足材。

［一］图 2-1 引自张十庆：《中日古代建筑大木技术的源流与变迁》，天津大学出版社；图 2-2 引自浅野清：《奈良时代建筑の研究》，日本中央公论美术出版社。

［二］引自中国科学院自然科学史研究所主编：《中国古代建筑技术史》，科学出版社。

柒·奇构巧筑

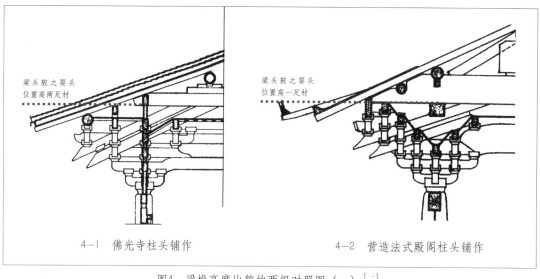

4-1　佛光寺柱头铺作

4-2　营造法式殿阁柱头铺作

图4　梁栿高度比较的两组对照图（一）[一]

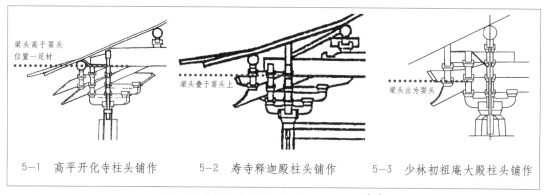

5-1　高平开化寺柱头铺作

5-2　寿寺释迦殿柱头铺作

5-3　少林初祖庵大殿柱头铺作

图5　梁栿高度比较的两组对照图（二）[二]

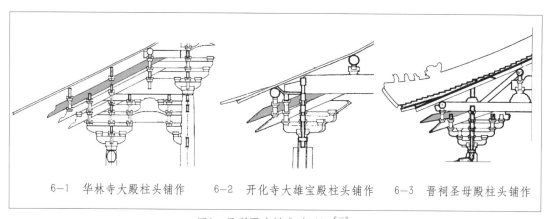

6-1　华林寺大殿柱头铺作

6-2　开化寺大雄宝殿柱头铺作

6-3　晋祠圣母殿柱头铺作

图6　昂形要头样式对照图[三]

2. 五铺作斗栱，以开化寺大雄宝殿、崇寿寺释迦殿和初祖庵大殿为例，开化寺大雄宝殿，昂头稍减跳高，其草栿高出耍头位置又一材一栔，若以《营造法式》铺作样式作为参照则略在衬枋头之上；崇寿寺释迦殿，铺作材栔格线统一，草栿已完全落至衬枋头位置，有意味的是该殿后檐铺作似仍采用双栿形制但双栿之间的空隙已被全部压缩；初祖庵大殿，作为演化的终点，梁头直接出为耍头（图4、图5）[四]。

论及梁头相对位置下降对昂构件使用所造成的影响，必然要对北方"昂形耍头"[五]加以讨论。昂形耍头来源于早期铺作"于耍头位置出昂"的特殊构成样式。就功能而言，"于耍头位置出昂"虽不传挑，但该构件对于拉结令栱、维系檐部稳定仍具有重要意义，转角铺作"于角昂之上另施由昂"亦可理解为类似现象。耍头位置出昂在早期建筑中或曾具有一定的普遍性，现存实例最早可追溯至地处福州的华林寺大殿，时宋金之际，广大北方地区则普遍退化为昂形耍头，成为此时此地的典型样式（图6）[六]。

昂形耍头值得关注之处正在于其与插昂在退化机理、表现形式等方面的相似。由早期实例可见两者都与下昂保持了密切的演化关系。昂形耍头是最早出现退化的下昂形构件，这一现象直观显示了草栿梁头相对位置高度不断下降的现实，同时也为插昂做法产生给出了合理解释。当在梁头叠压铺作的情况下使用下昂，为使昂身发挥杠杆作用，草栿必须处在较高的相对位置、铺作层需具有充足的结构空间，但自晚唐殿阁铺作构造开始简化，至北宋末期，梁头相对位置已显著下降，铺作层结构高度被压缩，其结果必然导致下昂后尾无法上挑、杠杆功能退化。具体而言，梁栿相对位置高度可以看作分两次下降，每次均下降一材一栔。第一次下降至衬枋头高度，昂形耍头由于处在铺作层叠构件的最上层，因而最先由"昂"退化为"耍头"。而后至北宋末叶，梁头相对高度进一步降低，形成梁头出为耍头的固定做法，对照此位置高度可见下昂均无法过柱中缝，即全部退化为插昂。

（二）梁头出为耍头

除草栿相对位置的下降外，上文亦多次提及"梁头出为耍头"与插昂做法之间的重要的关联。

入宋以来北方地区的构架与构造样式经历了较长时间的稳定，直至北宋末叶在《营造法式》的推动下开始新一轮变化。这一时期构造

[一] 图4-1引自刘敦桢主编：《中国古代建筑史》建筑工业出版社，第二版；图4-2引自《梁思成全集》第七卷，中国建筑工业出版社。

[二] 图5-1引自张驭寰：《上党古建筑》，天津大学出版社，图5-2引自徐怡涛：《长治、晋城地区的五代、宋、金寺庙建筑》（D），图5-3引自郭黛姮主编：《中国古代建筑史》第三卷《宋、辽、金、西夏建筑》，中国建筑工业出版社。

[三] 图6-1引自杨秉纶、王贵祥、钟晓青：《福州华林寺大殿》，《建筑史论文集》，第九辑，图6-2引自张驭寰：《上党古建筑》，天津大学出版社；图6-3引自刘敦桢主编：《中国古代建筑史》，建筑工业出版社，第二版。

[四] 上述实例虽然在地域上有一定差异，但大致仍处在北方构架与构造形制演化的总体脉络之下，其时代性差异明显大于地域性差异。

[五] 梁思成先生在对永寿寺雨花宫等宋代北方建筑实例的描述中首先使用此称谓，可见早期学者已关注于此构件样式与下昂的相似性与关联性。梁思成：《中国建筑史》，百花文艺出版社，2005年版。

[六] 昂形耍头通常后尾不过柱缝、附于昂身之上或梁头之下，而晋东南地区北宋前中期诸遗构上之所见，对于此退化过程犹有鲜明的过渡意义，如游仙寺毗卢殿、开化寺大雄宝殿等例，其昂形耍头后尾仍能过柱中缝，还保留着昂形构件的基本形制。

形制的主要变化：梁头向前延伸、直接出为要头，并与铺作形成明确的绞合关系。对于这一样式变化产生的原因，本文认为可大致概括为两方面。

一方面，对北方早期厅堂构造样式的吸收："梁头出为要头"做法早可追溯至初唐建筑中的耙头绞项作形象[一]，是北方常见的低等级不出昂铺作样式，至辽金时期，一些大型构架中亦使用此类梁栿——铺作构造交接方式。与殿阁铺作复杂的铺作层构造形式不同，"梁头出为要头"通常配以简洁的斗拱样式，柱梁间采取直截了当的交接构造方式，体现了早期厅堂建筑斗拱的形制风貌。《营造法式》厅堂侧样全部采用四铺作斗拱、梁头出为要头的基本样式，则很可能对此构造节点起到了影响、推广甚至定型的作用。

另一方面，对常见构造节点的改良：梁头高度下降必然导致草栿构造节点的新变化，梁头有更加直接的参与最外跳承檐构造的演化趋势——承檐构造缺乏稳定性是中国古代木结构发展一直以来的薄弱环节，通过勾连令拱来保持檐部稳定的需求与意识始终存在。从早期仅以昂头直接挑托令拱，到其后于要头位置再出一昂做法，再到后来要头、衬枋头的依次出现，可见古代工匠为解决这一问题而不断作出的改进加固。以山西、河北等广大北方地区的实例情况来看，北宋时期北方颇为普遍的做法是使用昂形要头拉结令拱，并且昂形要头后端以特化的榫卯形式与草栿相扣，从而较为牢固、稳妥地解决了这一构造问题。而以平出要头代替昂形要头、从梁头与要头分离到梁头直接出为要头，构造的改进使问题的解决方法更加直接——此变化亦可视为是对出檐构造的合理简化（图5）。

将梁头相对高度固定于要头位置，可以同时具有明栿节点与草栿节点的不同构造优势：既保持着梁头位于铺作最上层的构造关系，使梁头截面尺寸仍可免受材栔格线约束，又可以直接拉结令拱，满足于厅堂化的发展方向，因此在《营造法式》刊行后，作为北方大量实例遵从的主要形式，并成为明清构架以挑尖梁头直接承槫做法的滥觞。梁头相对位置下降并向前延伸出为要头是北方构架形式简化、厅堂意向逐渐强化的重要表现。

结合前段所列举之实例，则平顺东社九天圣母庙正殿、初祖庵大殿所表现出的情况与以上推论最为近似，其共同特征主要表现为以下三点：首先两者均为五铺作单抄单昂斗拱，与北宋中前期北方常见的铺作构成样式仍保持一致；其二，柱头铺作使用插昂而补间铺作昂尾上出挑托平槫，两者的构造处理方式显著区别，第三，上述实例均以"梁头出为要头"作为柱头铺作的重要共同特征。此二例非但建筑年代相对较早，且构造逻辑最为清晰，能较为直接地反映插昂做法产生背后的原初技术含义，应处于形制演化的上游。

四 形式意义对插昂演化过程的促进因素

上文从技术角度思考，力求厘清插昂做法产生与发展的逻辑脉络，可见构造现象的矛盾演化作为其中最为主要的影响，涵盖了北方地区插昂做法的绝大部分样式现象。但即便如此，在单一的演化脉络之外仍有丰富多样的样式现象的存在，不得不说对特殊形式意义的追求在插昂演化脉络中所起的作用同样无法忽视，下昂构件原始功能意义在铺作简化过程中消亡，古代工匠对出昂的装饰性的认识却日渐膨胀。

（一）形式意义与技术意义的相互关系

有趣的是，即便是在北方地区，关于插昂形式意义与技术意义之间的关系本身即是值得探讨的有趣话题：

自宋以来，在以北方叠梁构架形式为核心的技术背景中，铺作简化的趋势日益明显，然而与之相对，用昂却日益普遍。放诸宏观视野之下比较则可见，现存唐、五代直至宋辽初的北方建筑中，五铺作以下不出昂是一个基本现象，但这种定式在宋中叶之后即出现了很大的变化。在铺作数较少的情况下用昂，这一定意义上也是忽略下昂技术意义转而侧重于其形式意义的表现。换句话说，铺作数较少的情况下原本不需要使用下昂，其所能发挥的结构作用甚至不能代偿由此造成的构造做法的繁难，套用先前学者建构研究中的总结性术语，我们可以类似的矛盾问题为"过度结构化"[二]。而当这种矛盾问题加深，对经济性、合理性的要求即往往导致技术形式向简单直接的方向发展，成为构造演化的潜在推动力，这正是真昂——插昂——假昂的发展脉络的逻辑基础。附加形式意义的出现属于历史发展的必然，从原本的纯技术意义逐渐成为特定的样式追求，这种转变成为技术发展史中有趣的"非技术因素"，是社会整体发展带动的结果，技术因素与非技术因素对建筑活动的共同影响构成了复杂的建筑史现象。

（二）体现纯形式意义的插昂做法

广饶关帝庙地处山东地区，建成于宋金更迭之际，或由于其在建造时间和地缘因素方面都更加复杂特殊，此例与其他北方实例全然不同，而更多地体现出南北方谱系交融、样式混杂的特色。从插昂样式上讲，广饶关帝庙与其他北方实例的演化方式并不吻合，倒是与华南地区的梅庵大殿最为接近。此例的重要技术现象可大致归纳为以下几点：

首先，梁栿与铺作之间采用明栿节点，梁头出为华头子，相对位置低于下昂昂身，故而柱头与补间铺作昂尾均上挑；其二，此例斗拱构成稍显复杂，虽仍为五铺作斗拱但前檐铺作外观作双昂，上道昂后尾上挑压于上层劄牵下而下层用插昂，上下两重昂嘴皆以华头子承托，形成上下两重华

187

[一] 虽然现存唐代木构实物较为稀少，耙头绞项作形象最早见于初唐之兴教寺玄奘塔，其后于净藏禅师塔等一批唐代仿木建筑形象中多有所见。

[二] 肯尼斯·弗兰普顿著、王骏阳译：《建构文化研究——论19世纪和20世纪建筑中的建造诗学》中文版序言，中国建筑工业出版，2007年版。

头子的独特样式[一]；此外，该例中插昂的使用的特殊性在于，前后檐铺作形制之间存在明显差异，插昂仅用于前檐铺作以形成双下昂形象，后檐斗拱则较为简率，只保留单抄单昂基本形制。

显然，广饶关帝庙所见之插昂样式与构架、构造等技术因素的变革关联不大，反倒是因特定形式需要而额外增加的构造因素，是下昂装饰意义扩大化的具体表现。此例，处在北方典型插昂的发展脉络之外，一定程度上是插昂样式多样性的表现（图7）。

值得说明的是，柱头铺作昂尾于屋内上出、梁头出为华头子的构造样式通常认为是较为典型的南方样式，《营造法式》刊行前并不流行于北方地区，就现阶段所知，也仅限于永寿寺雨花宫、金洞寺转角殿等极少数例，直至宋末金初才开始在北方地区多见，至于真假昂并用、双昂双华头子现象则更是前所未见，然《营造法式·八架椽屋侧样》中对此恰皆有所表达[二]，不能不使人联想

到二者之间直接的关联性。

（三）插昂与平出假昂

针对插昂演进与铺作构造简化问题，尚需对宋代即已出现的另一样式现象加以说明，即平出假昂的使用。宋代平出假昂以晋祠圣母殿与苏州玄妙观三清殿上檐斗拱为典型实例，属于以昂头作为装饰要素的一种，但却同样脱离于上文建立的插昂演化脉络以外，且其出现年代尚早于《营造法式》刊行与插昂做法出现，因此在形式与功能的关系问题上，值得进而对两者进行讨论：

以圣母殿下檐铺作为例，柱头铺作用平出假昂而补间用下昂且后尾向上挑托，这既化解了柱头铺作用昂的构造矛盾问题，又保证了梁栿与柱头铺作构造交接关系的简洁，但这却恰恰成为了平出假昂与插昂设计思路的本质差异所在。插昂的产生当可归结为是一个通过构造调整来保持样式统一的问题，例如在初祖庵大殿柱头铺作的插昂设计中仍然保留了昂头跳高下降的做法，显然这一设

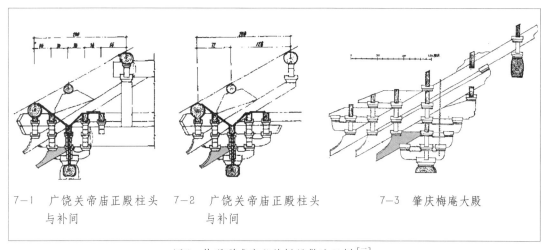

| 7-1　广饶关帝庙正殿柱头与补间 | 7-2　广饶关帝庙正殿柱头与补间 | 7-3　肇庆梅庵大殿 |

图7　体现形式意义的插昂做法三例[三]

计对于柱头铺作来说并无必要，而完全是以补间铺作下昂的参照对象的结果，而这是圣母殿所不具备的。圣母殿下檐在柱头与补间铺作之间杂使用两种不同的构造做法，进而在外观上呈现为一种特殊的交错韵律，但这种样式的不统一正是其后《营造法式》推广之官式制度所不能接受。

由插昂演化而来的假昂样式与宋式平出假昂有明显不同：插昂之后的假昂形象，昂嘴皆带有一定的下倾角度（或称之为下折式假昂），可以与真昂样式保持高度的统一，由此可见插昂做法对假昂样式变化所起的过渡作用。平出假昂与下折式假昂在《营造法式》刊行之后成为昂嘴样式的两条平行发展线路，在不同的样式谱系中各有传承变化。值得说明的一点是，圣母殿昂嘴平出向前、无倾斜角度，其加工可以保持造作用材统一，为构件的套裁加工与规格化用料提供了很大的便利，而下折式假昂使上述构件加工中的便利因素将不复存在，新的下料与加工方式应会考虑套裁，但具体方法不明，值得作进一步探讨（图8）。

189

五 小 结

本文对插昂这一特殊构造样式进行了分析与总结，全文内容要点如下：

1. 插昂做法是北宋末年北方官式做法的组成部分。

2. 插昂做法很可能是在北方原有构造样式基础经过特殊演化之后的结果，这也使得插昂做法在时代与地域特征上具有较为明确的倾向。

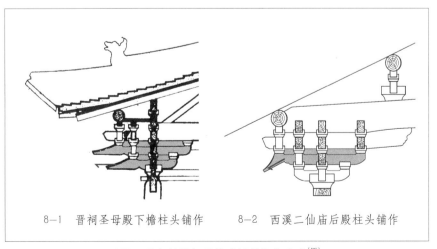

8-1 晋祠圣母殿下檐柱头铺作　　　8-2 西溪二仙庙后殿柱头铺作

图8 平出假昂与下折式假昂比较示意[四]

柒·奇构巧筑

3. 总的来说构架与构造技术样式的若干重要变化是造成北方地区插昂做法产生的首要因素，这些变化包括构架形式的厅堂化倾向，梁栿——铺作交接构造的直接化以及铺作整体构造的简化，其中最为关键的步骤是梁头相对位置高度的下降。

4. 对特殊形式意义的追求，在技术因素之外成为推动插昂及其相关构造样式变化的另一重要因素。

参考文献：

[一] 《梁思成全集》第七卷，中国建筑工业出版社，2001年版。

[二] 郭黛姮主编：《中国古代建筑史》第三卷《宋、辽、金、西夏建筑》，中国建筑工业出版社。

[三] 中国科学院自然科学史研究所主编：《中国古代建筑技术史》，科学出版社。

[四] 张驭寰：《上党古建筑》，天津大学出版社。

[五] 肯尼斯·弗兰普顿著、王骏阳译：《建构文化研究——论19世纪和20世纪建筑中的建造诗学》，中国建筑工业出版，2007年版。

[六] 徐怡涛：《长治、晋城地区的五代、宋、金寺庙建筑》(D)。

[七] 钟晓青：《斗拱、铺作与铺作层》，《中国建筑史论会刊》第一辑，2009年1月。

[八] 贺大龙：《试论晋东南早即建筑特征》，《文物》，2011年第1期。

[九] 王书林、徐怡涛：《晋东南五代—宋—金时期柱头铺作里跳形制分期及区域流变研究》，《山西大同大学学报》（自然科学版），第25卷第4期，2009年8月。

[一〇] 颜华：《山东广饶关帝庙正殿》，《文物》，1995年第1期。

[一一] 吴庆洲：《肇庆梅庵》，《建筑史论文集》第八辑。

【宁波保国寺大殿的丁头拱现象试析】^[一]

——略论两宋前后丁头拱的现象与流变

唐 聪·上海现代建筑设计集团历史建筑保护设计研究院

摘 要：本文从保国寺大殿出发，结合《营造法式》及其他相关实例，讨论实例、文献中丁头拱的现象和实质。从其技术来源的角度，将多样化的丁头拱现象归入铺作丁头拱和插拱丁头拱两大类，并结合这一分析过程对两大类丁头拱的流变略作梳理。进而指出，丁头拱这一细微构件现象的混融和变化反映的是射出两宋时期南北木构架意识的碰撞和变革。如果说《营造法式》中的文献记录是定位这一历史演变期的重要旁证，那么保国寺大殿则为其提供了最直接的实例证明。

关键词：保国寺大殿 《营造法式》 构架意识 丁头拱

[一] 本文系国家自然科学基金项目子课题的相关研究成果（项目批准号：50978051），论文写作过程中得到保国寺古建博物馆的协助，特此致谢。

191

在保国寺大殿^[二]和《营造法式》^[三]的比较研究中，丁头拱现象^[四]是斗拱比较研究的重要组成内容。

一方面，保国寺大殿的丁头拱现象十分多样。有内柱柱身所出承梁栿的丁头拱、前廊柱头壁缝下额上的丁字拱以及承藻井所用的虾须拱等。另一方面，《法式》大木作制度、功限中多处提及丁头拱，厅堂侧样图样中也明确出现了丁头拱的形象。

然而，由于《法式》所涉及的丁头拱内容宽泛却又记述简略，在实物的研究中，当不同类型的丁头拱现象并置时，对其属性和类别的阐释常有含混争议之处，保国寺大殿的情况正是这样。因此，本文从保国寺大殿出发，结合其他相关实例，讨论《法式》文献中丁头拱的类别，通过探索其技术来源和流变，试图解析多样化丁头拱现象的实质。

一 丁头拱现象

（一）保国寺大殿的丁头拱现象

保国寺大殿所见的丁头拱现象十分丰富。

首先，在外檐铺作和内檐铺作中出现多处丁头拱构件，其中包括山面

[二] 本文所提及的保国寺大殿，一律指宁波保国寺大殿现存的核心三间宋构部分，不涉及副阶清构。

[三] 本文将《营造法式》简称为《法式》，后文提及《营造法式》时，一律使用简称。

[四] 在阐明丁头拱的类别和层次之前，暂以丁头拱现象泛称所有单卷头悬臂拱的做法。

前柱柱头铺作向前廊藻井所出的虾须拱。其次，自四内柱柱身伸出多组丁头拱，大部分在梁栿下，亦有少量用于承托内额、素枋，位置在前内柱缝。最后，藻井的小木铺作中也出现了丁头拱构件，有两种。一是自栌斗口向外出跳的半截华拱；二是在栌斗口以下，自井口枋向外伸出的丁头拱，扶持和辅助栌斗口所出的第一跳华拱。

此诸多丁头拱现象纷繁杂呈，不能一以概之，须得对现象分类，方有助于把握和认识问题的本质。然而如何分类是关键，仅从保国寺大殿一例入手，尚难以得出恰当的标准和方法。此处暂依其丁头拱出现的位置划分，有大木铺作、柱身、藻井三类（图1）。

（二）《法式》中的丁头拱形制

《法式》是目前所知最早记载"丁头拱"的文献，试析之。

《法式》提及丁头拱之处有三，分别见于卷四、卷五、卷一八：

华拱："造拱之制有五。一曰华拱，……若丁头拱，其长三十三分，出卯长五分。若只里跳转角者，谓之虾须拱，用股卯到心，以斜长加之。若入柱者，用双卯，长六分至七分。"[一]

侏儒柱："凡顺栿串，并出柱作丁头拱，其广一足材；或不及，即作踏头，厚如材。在劄牵或乳栿下。"[二]

殿阁身内转角铺作用拱、斗等数："七铺作独用：……瓜子丁头拱4只；……"[三]

另据《法式》卷三一图样所见，厅堂侧样中绘有内柱柱身所出一至两跳偷心华拱，承托梁栿尾端入柱处，其形制符合卷第四

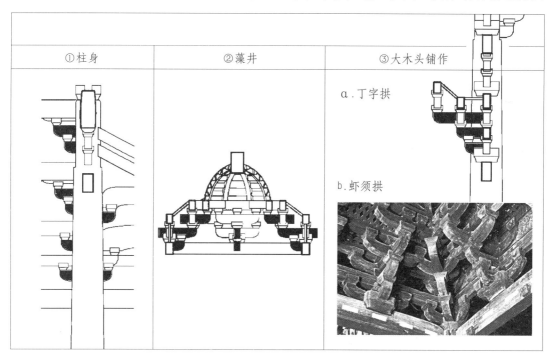

①柱身	②藻井	③大木头铺作
		a.丁字拱
		b.虾须拱

图1　保国寺大殿的丁头拱现象（右下：张十庆　摄）

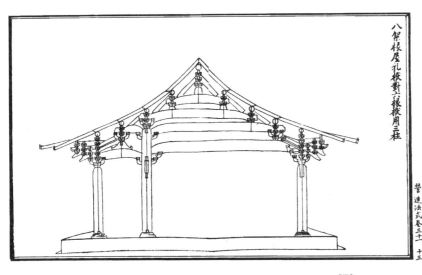

图2 《营造法式》月梁造厅堂侧样中的入柱丁头拱[四]

[一] 梁思成:《梁思成全集》（第七卷），中国建筑工业出版社，2001 年 4 月第 1 版，第 81 页。

[二] 同注［一］，第 148 页。

[三] 同注［一］，第 299 页。

[四] 引自《梁思成全集》第七卷。

"造拱之制"中提及的入柱丁头拱。殿堂檐柱柱身亦有类似构件，用以承托副阶梁栿（图2）。

　　归纳之，《法式》记述的丁头拱共有四种形制：（1）虾须拱，即里跳转角只向一侧出跳的角华拱；（2）入柱丁头拱；（3）顺栿串出柱作丁头拱，在梁栿下；（4）瓜子丁头拱。

　　此四种丁头拱有两点共性。一则，在构件形态上，它们都是半截拱，即单卷头的拱；二则，在构造关系上，它们与所出构件"丁"字相交，属于悬臂拱。

　　比如虾须拱，是自柱头铺作栌斗分位"丁"字伸出。入柱丁头拱和顺栿串出柱所作丁头拱都与柱身"丁"字相交。"瓜子丁头拱"是殿阁身内转角铺作所用的铺作构件，结合功限内所列其余构件分析，应是指身内角柱铺作正出的第三跳华拱跳头的瓜子拱而言。因身内铺作咬入梁栿，取代了原有华拱，使得该处瓜子拱与梁栿十字相撞，而不得不改作两个半截拱插入梁身——因而使横拱与梁栿"丁"字相交[五]。类似的情况在明代建筑智化寺万佛阁中也有体现（图3）。

　　在此基础上推测，"丁头拱"之名很可能正是取其象形之义，强调构件的"丁"字构造关系，其命名逻辑类似于《法式》中的"丁栿"[六]。

　　以上四种丁头拱中，仅虾须拱和入柱丁头拱出现在保国寺大殿，指向了关键的分类线索。

193

[五] 这种横拱与梁栿相撞的情形《法式》中还有提到"骑栿"、"绞栿"等做法，瓜子丁头拱形成的本质原因和它们相同，只是相对梁栿所处的高度不一样而已。

[六] 梁思成先生注"丁栿"曰"丁栿梁首由外檐铺作承托，梁尾搭在檐栿上，与檐栿（在平面上）构成'丁'字形"。参见《梁思成全集》（第七卷），中国建筑工业出版社，2001 年 4 月第 1 版，第 132 页。

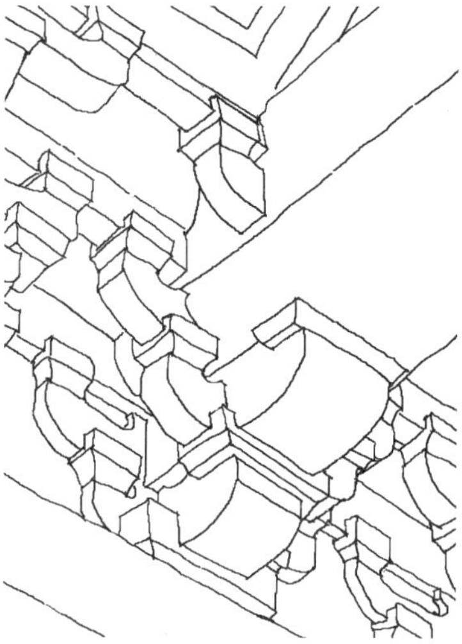

图3 智化寺万佛阁下檐柱头科后
尾：梁身出"丁头慢拱"与
"丁头令拱"[一]

二 丁头拱的类别

（一）铺作丁头拱与入柱丁头拱

以形成机制和构件功能作为主要的差异指标项，《法式》中的丁头拱宜归为两类。一类是铺作体系中的丁头拱，一类是柱梁体系中的丁头拱。

铺作体系中的丁头拱，是指铺作中的标准拱构件在特殊情况下，由完整形态变化而来的半截悬臂拱。这类半截拱的构件角色和功能并不随构件形态的改变而改变，实质上仍然是服从于铺作整体形制需要的拱件组成。其称丁头拱，乃是相比于标准的拱构件，强调其单卷头的形态，在《法式》中有虾须拱和瓜子丁头拱两例。

柱梁体系中的丁头拱，是特指由内柱柱身伸出的半截偷心华拱。从功能上看，

此类丁头拱主要用于扶持和承托梁栿与柱身交接的部分，多见于南方厅堂构架和穿斗构架中。从构造上看，它们大多数直接从尾端出榫插入柱中，也有的由枋材出柱的尾端构成。实际上，柱梁体系中的丁头拱亦是狭义上的丁头拱所指，《法式》记载有入柱丁头拱和顺栿串出柱作丁头拱两种情况。

在分类的思路下，细查《法式》华拱条目中所述丁头拱。入柱者拱长33分°，不但与虾须拱规制有异，若按华拱长72分°的一半折算，也不及。实例中所见，从华林寺大殿始，至保国寺、天宁寺、延福寺诸殿，内柱柱身所出承梁栿尾端之丁头拱，也均略短于承梁首的外檐华拱里跳。由此，入柱者长33分°与华拱半长36分°之间3分°的差异，正透露了柱梁体系中的丁头拱与铺作体系中的丁头拱在形成机制上的差异。入柱丁头拱并非由铺作拱构件简单折变得来，而是另有源头。

（二）斗拱类型与构架意识

从技术来源的角度上溯两类丁头拱的源头，二者从属于不同的斗拱体系，局部构件现象的差异本质上反映的是整体构架意识的不同。

在北方，略约于唐宋时期，官式做法中的斗拱发展成出规整的"铺作"。"铺作"是特定时空限定关系下对斗拱的称谓，作为层叠型构架的产物，其形态构成反映层叠式的构架意识。铺作体系中的丁头拱的产生、发展始终从属于作为铺作之斗拱的整体发展，其规制随铺作的演化、应具体情况下铺作形制的要求随宜而变，所反映的构架意识

亦与铺作相同。

在南方，中国木构架的另一个重要源头是穿斗结构，穿斗是原生的连架式结构类型之一，在此构架意识影响下演化而来的斗拱体系，其构成亦是连架式的。这里且用"插拱"概括南方地区穿斗构架中出现的具有连架式构架意识的斗拱类型。

插拱一词本译自日语"插肘木"[二]，原是指拱构件直接插入柱中的构造做法，后被演绎为一种外檐斗拱的组合形式[三]。本文取其原初构造做法之义，引申为采用此种构造做法的多重拱构件所形成的斗拱组合[四]。

原始的插拱多为偷心，在实例中不仅见于外檐，也同样适用于内檐。比如甘露庵上殿、南安阁、观音阁所见，即为穿斗构架中的插拱做法。如果说甘露庵诸阁构架已经受到官式建筑做法的影响，斗拱的做法并不纯粹；那么日本地区几例早期大佛样建筑或许能忠实反映插拱的原始面貌，它们是醍醐寺经藏和净土寺净土堂。日本的大佛样建筑以福建宋代穿斗构架为祖型，在这几例建筑中，穿斗构架中内檐柱身所出多重插拱的特征十分突出（图4）[五]。这种大量用于内檐梁栿、额串之下的插拱正是前述柱梁体系中的丁头拱的源头，只是其演化过程较为复杂，甚至与结构类型的

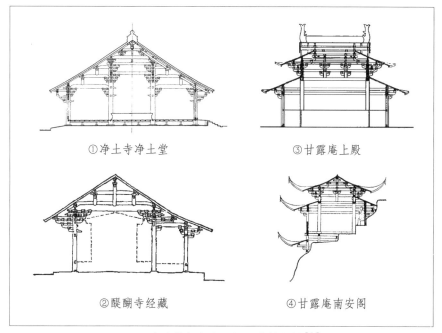

①净土寺净土堂　　　　③甘露庵上殿

②醍醐寺经藏　　　　④甘露庵南安阁

图4　穿斗构架中的入柱丁头拱举例[六]

[一] 据《明代官式建筑大木作》中照片改绘。

[二]《营造学社汇刊（三卷三期）》，梁思成先生译"大唐五山诸堂阁考"（田边泰著）一文，有"第十一图为灵隐鼓台，其上层使用插拱"句，用小字注曰"插拱乃重叠之拱，后端插于柱内"。经李向东先生研究之后指出，插拱一词应译自日语的"插肘木"。见李向东：《插拱研究》，《古建园林技术》，1996年第1期，第10页。

[三] 李向东：《插拱研究》，《古建园林技术》，1996年第1期，第10页。

[四] 此处插拱仅指南方连架型构架（包括穿斗、厅堂等结构类型）中插入柱身的斗拱组合，与李向东文中的插拱所指范围不同。李向东《插拱研究》一文中将汉代明器中自墙壁或柱身伸出的悬挑构件与南方连架型构架中插入柱身的斗拱组合统称为插拱，笔者窃以为略有不妥。

首先，就时代而言，汉代明器或画像砖表现的斗拱尚处于发源期。其自墙壁或柱身伸出的悬挑构件作为后世跳拱的雏形，既有可能演化出插拱、也有可能演化为层叠的华拱。其次，从地域上看，前述汉代明器多出土于河南、山东等中原地区，远离盛行穿斗构架的南方，不宜由早期斗拱构造做法的相似，仓猝论断为穿斗构架中插拱的来源。

[五] 除了其插拱上的满置斗做法，是传入日本以后发展出的和样化特征。

[六] ①引自《日本建筑史参考图集》；②～④引自张步骞：《甘露庵》。

演化相关联，将在后文论述。

总之，就技术来源而言，两类丁头拱分别与两种斗拱类型相关联，其形制构成分别反映层叠式和连架式的构架意识。在《法式》的语境下，就其现象，将二者归纳为铺作体系中的丁头拱和柱梁体系中的丁头拱；实际上，放入更大范围的历史语境中考察，柱梁体系中的丁头拱称为插拱体系中的丁头拱更为恰当。

又因为插拱体系中的丁头拱在构造上主要与柱身关联，下文为了表述方便，将两类丁头拱分别简称为铺作丁头拱和入柱丁头拱。

196

图5　佛光寺大殿前槽内侧柱头壁上所出的两跳丁字拱（姜铮摄）

三　两类丁头拱流变

铺作丁头拱和入柱丁头拱的技术来源不同，在时间的推进中有各自独立发展的主线，随地域传播的过程中则存在交融的现象。

（一）形态的演变

铺作丁头拱由于始终在斗拱体系内部发展，形态变化不大。它在宋元之际呈现为铺作中各种散在的半截拱；至清末，在某些地区以某种特定的形制固定下来。比如记录苏州地区传统大木做法的《营造法原》中描述的丁字科[一]，其先例可追溯至保国寺大殿，甚至佛光寺大殿前内柱缝柱头壁上的丁字拱。因其可满足特殊的空间界面需要，成为铺作丁头拱形制固化的一个代表（图5、图6）。

入柱丁头拱自宋代开始，演变脉络分为两支。

其中一支主要在穿斗构架中随插拱的发

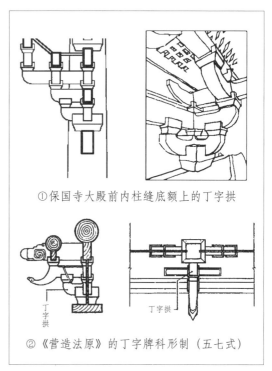

①保国寺大殿前内柱缝底额上的丁字拱

②《营造法原》的丁字牌科形制（五七式）

图6　从丁字拱到丁字牌科

展演化，从南宋时甘露庵诸阁到明清时期已经大大层叠化的穿斗构架以及南方民间至今沿用的穿斗式民居，插拱的形制虽有不同程度的铺作化倾向，但入柱丁头拱的形态变化不大。实例如潮州开元寺观音阁、天王殿所见。

另一支即为厅堂构架中的柱梁丁头拱，这种丁头拱由于脱离斗拱的框架转而追随梁栿构件的发展，在形态上发生了较大的转变，其过程与宋元以后梁栿构件在官式大木构架中主体角色的强化密切相关。

在宋代，厅堂构架中入柱丁头拱的断面规格尚略约与外檐铺作的拱构件相同；到元代的真如寺，前者的断面已明显加大[二]；至明代，此现象已相当普遍[三]。应该看到，入柱丁头拱与铺作本身就具有不同的技术来源。随着梁柱结构连接的进一步加强，在清代，入柱丁头拱最终退化为官式做法中雀替下附属的小拱、或是民间做法中梁垫下的蒲鞋头[四]，仅存其形，而原始功能已大部分被雀替（梁垫）所取代（图7）[五]。

（二）类别的混融

铺作丁头拱和入柱丁头拱作为两种主流的丁头拱类别，随其所从属的斗拱类型的技术传播在不同的地域呈现相异的面貌。在某些地区，层叠式和连架式两种构架意识互相影响、交织，斗拱类型随结构类型的演化出现并置、互融的情况，两种丁头拱类别也因之不再独立和纯粹，而存在着诸多混杂、折中的现象。

两宋前后，丁头拱类别的混融主要呈现为两种较为典型的现象。其

① 入柱丁头拱与外檐铺作规格统一　　② 入柱丁头拱的强化（巨凯夫摄）
（谢鸿权摄）

a. 雀替　　　b1 梁下只用丁头拱　　b2 梁下用蒲鞋头和梁垫　　b3 梁下只用梁垫
b. 梁垫组合
③ 入柱丁头拱的退化

图7　入柱丁头拱的演化

[一]"丁字科:坐斗斗面开口，成丁字形，拱仅向外出参，自外观之，形同十字科，而由内观之，则形似斗六升。"参见姚承祖原著，张至刚增编:《营造法原》第四章:牌科，中国建筑工业出版社，1986年8月第二版，第17页。《营造法原》中称斗拱为牌科。

[二] 丁头拱断面规格的加大现象早在天宁寺大殿中已经出现。在天宁寺大殿中，中进三椽栿下的丁头拱断面规格约为130×230，而其余的丁头拱以及外檐足材华拱的断面规格是100×230，中进三椽栿两端的丁头拱构材明显加大。

[三] 朱光亚:《探索江南明代大木作法的演进》，《南京工学院学报》，1983年。

[四] 参见姚承祖原著，张至刚增编:《营造法原》第五章:厅堂总论，中国建筑工业出版社，1986年8月第二版，第22页。

[五] 就形态而言，雀替可能由北方直梁造中沓头的雕饰化演化而来；然而也有皖南的明清建筑向我们展示了南方建筑中丁头拱向雀替的演化过程。参见朱永春、潘国泰:《明清徽州建筑中丁拱的若干地域特征》，《建筑学报》，1998年第6期。应该说，北方的沓头绰幕和南方的丁头拱作为梁端搁置构件的两大原型，在官式建筑中汇流一处，沓头的形态得到强调，而拱的地位弱化，二者共同演化的结果产生了雀替。

一是同一构架中外檐铺作和内檐入柱丁头拱的并置（参见图2）；其二是同一斗拱组合中同时使用铺作构件和插拱构件，主要指丁头插拱用于外檐柱上承托铺作的首跳华拱（图8）[一]。

两种现象大致与特定的地域和构架类型相关联，反映的是层叠式构架作为当时的官式建筑形式，由北往南传播的过程中，冲击南方本土的连架式构架，使后者发生不同程度的层叠化的现象。

其中，前一种情况主要发生在厅堂构架中，是斗拱类型在构架层面的混融。在这种混融中，虽然外檐斗拱、内檐柱头斗拱均使用铺作，仅内柱柱身保留丁头插拱，但两种斗拱类型还保持着相当程度的独立性，使得此时的丁头插拱尚能反映其技术来源。《法式》图样中的厅堂月梁造记录的正是这种做法，江南地区自保国寺大殿始，宋元木构中普遍存在内檐柱身用丁头插拱的现象，是两大斗拱类型混融发生的核心区域所在。

此外，福建地区的早期厅堂构架如华林寺大殿、莆田元妙观三清殿等，也都存在上述现象，反映了两类斗拱在以穿斗构架为主的地区发生混融的早期情况。

到了后期，在福建地区，不同程度层叠化的穿斗构架中出现了构件做法在斗拱构成层面的混融。如前述第二种典型现象，其外檐入柱丁头拱是插拱铺作化演变的余绪。早在南宋时期，甘露庵观音阁上檐的外檐插拱就已经表露出铺作化的倾向；至明清，闽南、粤东一带的穿斗构架已经明显地层叠化，插拱铺作化的程度也更为剧烈。如泉州开元寺大殿、戒坛，以及潮州开元寺天王殿、观音阁等所见（图8）。

在某些实例中，单个的插拱甚至脱离了与斗拱类型的关联性，剥离为一种局部构造做法，此时的丁头插拱用于铺作第一跳华拱下方，其技术来源显得十分含混。很难说是插拱铺作化的余绪，还是插拱对铺作的添加。如保国寺大殿中的小木斗拱、横省石牌坊所见[二]，丁头插拱甚至不用于柱身，而是挪用于枋上（图9）。

综合而言，地域越往南，时间越往后，两类斗拱的混融越大量、深入。类别的混融导致不同丁头拱现象的并置，这也正是实例中的丁头拱现象愈发纷繁复杂、支流众多的

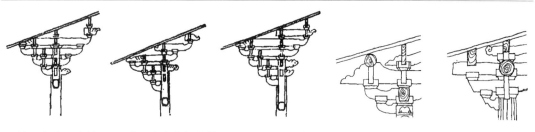

①甘露庵上殿上檐　②甘露庵南安阁上檐　③甘露庵观音阁上檐　④开元寺大殿　⑤开元寺戒坛

图8　插拱铺作化过程中的丁头拱形态[三]

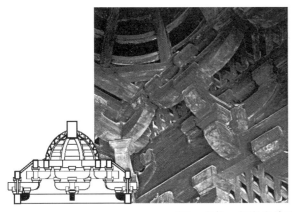

图9 自枋、额所出的丁头拱（左：张十庆 摄）

原因之一。

（三）时空节点：保国寺大殿与《法式》时期的江南

综上所述，铺作丁头拱与入柱丁头拱作为两种主要的丁头拱类别，既各自演变，又有所交融，可谓二源并流，有合有分。两类丁头拱现象在保国寺大殿的并置，反映的是两大斗拱类型及其所从属的两种构架意识的碰撞、混融（图10）。

再考察《法式》，其两类丁头拱亦应分别源自北方层叠构架和江南

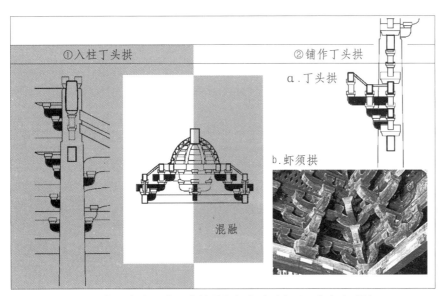

图10 保国寺大殿的丁头拱现象与类别（右下：张十庆 摄）

[一] 张十庆在《从样式比较看福建地方建筑与朝鲜柱心包建筑的源流关系》一文中提到，这种现象的大量出现是在南宋以后。原载《华中建筑》，1998 年第 3 期。

[二] 两例情况中，地域性的因素可能大于时代性。

[三] 图①～图③引自张步骞：《甘露庵》；图④、图⑤引自张十庆：《从样式比较看福建地方建筑与朝鲜柱心包建筑的源流关系》。

厅堂技术。保国寺大殿和《法式》一起，为两类丁头拱的演化提供了一个重要的时空坐标。这一坐标所定位的大背景是，在两宋前后的江南，南方技术被部分地纳入官式做法，拉开了连架式构架意识影响官式建筑、并最终成为后者主体构架意识的序幕。

至此可以说，丁头拱类别的划分并不依据构造做法，而应以技术来源为准[一]。层叠式构架意识和连架式构架意识的混融才是保国寺大殿和《法式》中多样化丁头拱表象的实质。毕竟，丁头拱这一称谓本身只是着重形态而言，探索丁头拱所从属的斗拱类型以及斗拱类型所从属的技术体系才是区分各种丁头拱现象的关键和意义所在。

四　结　语

《法式》作为目前所知最早记载"丁头拱"的文献，其语境中的丁头拱现象可分为两大类，一是铺作丁头拱[二]，二是柱梁丁头拱。其中柱梁丁头拱就是狭义上的丁头拱所指，即承托梁栿尾端的入柱丁头拱。

插拱原是指拱构件直接插入柱中的构造做法，本文借以代指采用此种构造做法的多重拱构件所形成的斗拱组合。这种斗拱组合产生于南方穿斗构架中，其构造做法反映连架式的构架意识。插拱与代表北方层叠式构架意识的铺作并列，可视为中国传统木构架中两大主要的斗拱类型。

从技术来源的角度分析，两类丁头拱分别从属于铺作、插拱两种斗拱类型，其形制构成分别反映层叠式和连架式的构架意识，

入柱丁头拱实质上只是插拱丁头拱的一支。

在两类丁头拱各自的演化进程中，铺作丁头拱在某些地区融入特定的斗拱形制而固定下来，比如《营造法原》中所述"丁字科"。厅堂构架中的入柱丁头拱随着梁栿构件在大木构架中主体角色的强化，形态发生了较大的转变：自宋至元，先是脱离了外檐斗拱的材份关系断面加大，最后在清代退化为雀替下附属的小拱、和梁垫蒲鞋头一类的东西。

两类丁头拱在特定的地域内存在特定的混融现象。在江南，厅堂构架中有斗拱类型在构架层面的混融，表现为外檐铺作和内檐入柱丁头拱的并用；在福建，层叠化的穿斗构架中出现构件做法在斗拱构成层面的混融，主要指丁头插拱用于外檐柱上承托铺作的首跳华拱。然此两点只作为具有一定代表性和普遍性的现象提出，在斗拱类型混融的后期，丁头拱现象愈加纷繁，难以归纳。

要之，两大斗拱类型及其所从属的两大构架意识的碰撞、混融才是保国寺大殿和《法式》中多样化丁头拱表象的实质。

[一] 比如前述《法式》中的"瓜子丁头拱"，从构造做法而言近似于插拱，却应归入铺作丁头拱一类。参见前文"《法式》中的丁头拱形制"一节。

[二] 结语中叙述丁头拱的类别时俱用简称，其全称及内涵如本章前述。

【征稿启事】

为了促进东方建筑文化和古建筑博物馆探索与研究，由宁波市文化广电新闻出版局主管，保国寺古建筑博物馆主办，清华大学建筑学院为学术后援，文物出版社出版的《东方建筑遗产》丛书正式启动。

本丛书以东方建筑文化和古建筑博物馆研究为宗旨，依托全国重点文物保护单位保国寺，立足地域，兼顾浙东乃至东方古建筑文化，以多元、比较、跨文化的视角，探究东方建筑遗产精粹。其中涉及建筑文化、建筑哲学、建筑美学、建筑伦理学、古建筑营造法式与技术；建筑遗产保护利用的理论与实践；东方建筑对外交流与传播，同时兼顾古建筑专题博物馆的建设与发展等。

本丛书每年出版一卷，每卷约 20 万字。每卷拟设以下栏目：遗产论坛，建筑文化，保国寺研究，建筑美学，佛教建筑，历史村镇，中外建筑，奇构巧筑。

现面向全国征稿：

1. 稿件要求观点明确，论证科学严谨、条理清晰，论据可靠、数字准确并应为能公开发表的数据。文章行文力求鲜明简练，篇幅以 6000—8000 字为宜。如配有与稿件内容密切相关的图片资料尤佳，但图片应符合出版精度需要。引用文献资料需在文中标明，相关资料务求翔实可靠引文准确无误，注释一律采用连续编号的文尾注，项目完备、准确。

2. 来稿应包含题目、作者（姓名、所在单位、职务、邮编、联系电话）、摘要、正文、注释等内容。

3. 主办者有权压缩或删改拟用稿件，作者如不同意请在来稿时注明。如该稿件已在别处发表或投稿，也请注明。稿件一经录用，稿酬从优，出版后即付稿费。稿件寄出 3 个月内未见回音，作者可自作处理。稿件不退还，敬请作者自留底稿。

4. 稿件正文（题目、注释例外）请以小四号宋体字 A4 纸打印，并请附带光盘。来稿请寄：宁波江北区洪塘街道保国寺古建筑博物馆，邮政编码：315033。也可发电子邮件：baoguosi1013@163.com。请在信封上或电邮中注明"投稿"字样。

5. 来稿请附详细的作者信息，如工作单位、职称、电话、电子信箱、通讯地址及邮政编码等，以便及时取得联系。